SHODENSHA
SHINSHO

本の海洋資源

なぜ、世界が目をつけるのか

木 剛

祥伝社新書

まえがき

まえがき

明治初期、日本に生息《せいそく》する魚類の多さに驚きの声を上げたのは、ヨーロッパ人だった。当時、ドイツには五〇種類しか魚類が見つかっていなかったが、「日本産魚類目録」には、六〇〇種の魚類が記載されていた。

もちろん、海外の人々の目を引くのは、魚類の種類だけでなく、多種多様な文化や奥の深い歴史、伝統、しきたりも、また然《しか》りである。その根本《ねもと》にあるのは、日本は豊かな海の恵みに囲まれた「島国」であるということだ。良くも悪くも日本は「島国」であり、海に囲まれた自然環境を持ち、そこから多くの恵みを得て、太古から住み続けてきたのである。

島国であること——そのことに気づいた先人たちが、島国の利点を活《い》かしてきた。水産、海運、造船技術等が発達したのも、島国の利点を活かした創意工夫によるものであろう。

しかし、最近の日本人の多くは、そのことを時々、忘れてしまっているのではないだろうか。日本は、ただの島国ではない。国土面積は世界第六一位でも、世界第六位の海洋面積を誇る類《たぐ》い希《まれ》な島国なのだ。しかも、水産資源や海洋エネルギー・鉱物資源など、豊富な資源を備えた「海洋資源大国」なのである。すでに各国は、この資源を虎視眈々《こしたんたん》と狙っており、未来を見据えているが、当の日本人の意識は薄いようだ。このままでは、日本の海は危うくなってしまう……。

日本人は海洋によって活かされているにもかかわらず、これまでに、そのことを十分に知る機会がなかったのである。本書は、豊かな海に囲まれた島国に住みながら、海のありがたさを知らない日本人のための「海洋の啓発書」でもある。

海洋はすべての国民の共通財産であり、国民と海洋とは切っても切れない深い関係にある。三・一一東日本大震災以降、東北の海は大打撃を受け、原爆事故の影響もあったが、徐々に回復の兆《きざ》しを見せている。この体験を胸に刻み、日本がこれからも正しい道を進めば、海洋は日本を守り続け、恩恵を与えてくれることだろう。そしていずれは、資源輸入大国から資源輸出大国へと変貌していくかもしれない。

そのためには、自律的な「海洋環境（資源開発）」「海洋インフラ（技術開発・整備）」「海洋制度資本（法制度・人材育成）」というハード・ソフト両面における社会的仕組みの確立が必要なのである。長期的な戦略を持って取り組んでいけば、必ずや海洋を活用した平和国家として、世界をリードしていくことだろう。

最後に、多くの国民が「日本の海」に興味・関心を高め、議論を深めることによって、さらなる発展的なアイデアが生まれることを期待するものである。

二〇一四年八月吉日

佐々木剛《ささきつよし》

目次

第三章　崩壊の危機にある日本の海洋水産　85

終章　海洋の活用こそが、国土を守る　221

編集協力／有限会社 北一文庫

序章

海洋国家日本のサバイバル

西暦二〇四×年に考えられること

ありうる日本の近未来。まずは、こんな事態を想像してほしい。

環太平洋戦略的経済連携協定（TPP）参加による開国、経済グローバル化を積極的に推《お》し進めてからおよそ三十数年後の二〇四×年、日本の海はどこも活気に満ちあふれていた。二〇一一（平成二十三）年三月十一日に発生した東日本大震災もはるか遠い昔のことで、被害の傷跡は人々の心から忘れ去られていた。

海上の至る所で浮体《ふたい》式洋上発電が稼働し、海面下ではメタンハイドレートや鉱物資源採掘の開発が急速に進み、ひと昔まで海外に依存していた化石エネルギーや鉱物資源の輸入は激減していた。日本はエネルギー資源大国に変貌しようとしていた。

排他的経済水域（EEZ）と領海を合わせた面積は四四七万平方キロメートルで、世界第六位となる日本の海底には無尽蔵の資源が眠っており、いわば海面下でのゴールドラッシュが、日本近海ではじまっていたのである。

海洋開発とともに、海上交通も急速に発展を遂げ、EEZ内では時速一〇〇キロで走るハイブリッド超高速船が北海道、東京、沖縄間を行き来し、各港は海外からの研究者や労働者で賑《にぎ》わいをみせていた。海洋を中心とした構造改革が地方の港湾を活気づけ、海洋施設や商業施設などの増加により、雇用も生まれていた。だが……。

それは日本人にとって、たんに見せかけの華《はな》やかさでしかなかった。海洋産業に従事している人材のほとんどは、海外資本の外国人社員や、低賃金で雇用できる東南アジア系かアフリカ系の労働者であった。日本人の海事関係者の大半は他業種へ転職していった。

いったいなぜ、こうなってしまったのであろうか？

じつは、わが国のEEZはすべて海外企業に牛耳《ぎゅうじ》られていたのだ。三十数年前のTPP参加時に自律的海洋資本（後述）を整備しなかった日本は、船、海洋エネルギー発電、メタンハイドレート、そして漁業までもが海外企業の餌食《えじき》となった。海は自国の領土という権利はあるが、TPPのISD条項（投資家対国家の紛争解決条項）により、時の政府は日本企業を優遇するわけにはいかず、資本力で勝《まさ》っていた海外メジャーが黒船のように大挙押し寄せ、日本近海の海洋開発を進めた。

雇用においても同様に、外国人を積極的に受け入れなくてはならなかった。そのため、海洋産業における日本人の雇用者は思ったより増えず、日本でエネルギーや食料を生産しても、そのほとんどの利益は海外に流出するという図式が成り立ってしまった。結局、日本は海洋産業の享受を上手《うま》く取り込めず、高いお金を海外に支払うという構図に陥《おちい》ったのである。それでも、日本国民に不満を口にするものは少なかった。彼らの多くは海洋で起こっている真実にはあまり関心がなく、日本が資源輸入大国から資源生産国へ変貌を遂《と》げつつあることだけに満足していた。天然資源の輸入が減ったことで、東日本大震災の影響により石油や天然ガスの輸入が急増して拡大した貿易赤字はなくなり、国際収支は大幅な黒字となっていた。

思い返すと、日本はＴＰＰによる輸出産業のメリットと引き換えに、豊富な海洋資源の利権を放棄した。気づいたときにはすでに遅く、日本の海洋開発力は、世界の技術から三〇年以上も遅れてしまっていた。これから開発しようにも、海洋の有能な専門家がおらず、人材を育成するには時間がかかりすぎる。お手上げの状態で、わが国はずるずると海外資本に海洋開発を委《ゆだ》ねざるを得なくなったのである……。

二〇一三（平成二十五）年、海洋基本計画が閣議決定され、巨額の予算が海洋インフラに投じられた。しかし、国の縦割り行政により、継ぎはぎだらけの開発に陥り、新しい産業を生み出すパワーを持ち合わせていなかった。そのため、長期的戦略とシビアな開発計画、さらには実行力に長《た》けた海外メジャーに乗っ取られていったのだ。メディアを含めて日本人の多くは、海洋開発にはまったく関心を示さなかった。

海洋事業を海外企業に牛耳られたために、海外からの移民を認めざるを得なくなった日本は、土地の売買だけでなく、河川や湖沼《こしょう》も、ＩＳＤ条項により自由に売り買いができるようになった。当然のように、外資の手が及び、漁業権もあっけなく設定が解除された。日本だけ漁業権制度があるのはおかしいという理由からだ。

漁師は、漁業権を手に入れた海外メジャーに権利金を支払わなければ、漁業ができなくなった。だが、漁師の多くは海洋ゴールドラッシュを求めて集まった外国人だ。

水産物は大型魚のみが漁獲され、都会の人間の口に合うように切り身や缶詰に加工し、大消費地に直送されるシステムが確立していった。さらに、地方の小売店は直接買い取りができなくなっていた。地方の小売店が新鮮な魚介類を仕入れるのは不公平であると、ＩＳＤ条項で訴えられたのである。食卓からは、古くからなじみのある海産物の多くが消えつつあった。お年寄りたちは秋にはサンマの塩焼きを懐かしがったが、養殖魚以外はあまり流通に乗らず、高価な食材となっていたのである。

それでも日本の人口は徐々に増えていた。政府が移民を受け入れたことから、海洋産業従事者を中心に、外国人労働者が日本の高度経済成長時代の約二倍の速さで増加していったからだ。産業構造の変化に気づくのが遅れた日本人の多くは、主力産業となった海洋開発事業関連の会社に就職できず、今や斜陽産業関連の会社に勤めざるを得ない状況であった。給与も上がらず、地価の高騰や収入の減少などでローンが払えず、家を追われる日本人が急増した……。

こんなシミュレーションが間違っても現実とならないために、私たちは今こそ真剣に日本の「海の恵み」をいかに国益とするか、考えなければいけないのである。

第一章

激化する海洋資源争奪戦争

世界が狙う太平洋の海洋資源

日本では少子化が問題になっているが、世界的にみれば、毎年七五〇〇万人程度増え続けているといわれている。こうした人口の増加と経済成長が続くなかで、地球温暖化対策より深刻なのが、食糧と資源獲得である。各国の競争は、ますます激化していくであろう。

とくに、利権が定まっておらず、鉱物資源の宝庫といわれている海洋資源に対し、各国が熱い視線を投げかけており、公海での利権争いは厳しさを増しているようだ。

なかでも、太平洋にはあらゆるタイプの鉱物資源が眠っているとされ、多くの国が海底資源開発計画を進めている。国際海底機構（ISA）によると、二〇一〇（平成二十二）年時点では太平洋での探査権取得は七カ国であったが、二〇一三（平成二十五）年には一四カ国に増え、さらに三カ国が申請中だという。

このような状況のなかで、二〇一四（平成二十六）年、独立行政法人石油天然ガス・金属鉱物資源機構（JOGMEC）は、小笠原諸島に位置する南鳥島の南東沖約六〇〇キロの公海域において、コバルトリッチクラストの独占探査権を取得した。

コバルトリッチクラストとは、水深一〇〇〇～二〇〇〇メートルにある海山を覆《おお》うコバルト、ニッケル、白金といったレアメタルを含む鉄・マンガン酸化物の地層のことで、発掘に至れば、希少なレアメタルの安定的な供給源となる。

資源の少ない日本にとっては、大きな前進であるが、決して楽観はできない。膨大な資金を有する欧米メジャーや、国を挙げて資源獲得に邁進《まいしん》する中国が虎視眈々《こしたんたん》と太平洋の海底資源を狙っているからだ。

あわよくば、日本近海の海底資源にも食い込んでくるかもしれないのである。そうなれば、序章のシミュレーションが現実化しないとも限らないのである。今日、わが国は海洋開発において大きな岐路に立たされていることを認識し、長期的な戦略を持って取り組まなければならない。

海洋を活用した平和国家として世界をリードするためには、今こそ「自律的海洋資本」すなわち「海洋環境」「海洋インフラ」「海洋制度資本」の三本の柱を築くことが重要なのである。

自律的海洋資本とは何か

私は海洋水産学者として、この「自律的海洋資本」の確立こそが、これからの日本を救うためのキーワードになると考えている。なぜそのような結論に至ったのかについて、私の個人的なエピソードをあげるとしよう。

私は岩手県沿岸部の町に生まれ育ち、中・高校生の頃から、大きな産業がない沿岸部が発展するにはどうすべきか、沿岸部のためになにができるか、それには目の前に広がる海洋から糧《かて》を得ること、つまり海の資源の有効活用が大切ではないかと考えるようになった。高く売れる良質な秋サケ資源の確保をめざし、東京水産大学（現・東京海洋大学）に入学した。

在学中、恩師の影響を受け、水産業の振興には教育が大事であるとの思いを抱き、水産教員免許を取得、卒業後、水産教育の道を選んだ。水産高校の教員時代は、生徒とともに地元の方々に支えられながら教育実践に励むことができた。テーマは「ワカサギの生態研究」であった。ワカサギを研究して、生きものと自然とのつながり、そして人間と自然とのつながりの大切さを実感し、豊かな自然環境を活《い》かした地域発展の可能性を模索した。しかしながら、地方では過疎化・高齢化とともに自然の価値が見失われていくことに危機感を覚えた。

環境の面で、都会はどうであろうか。たとえば、東京は世界を代表する巨大都市で、政治・経済をリードする日本の中心地であるが、海岸はほとんどが埋め立て地である。沿岸の海水は黒く濁《にご》っている。近隣の子どもたちのほとんどが、海は濁って汚《きたな》いというイメージを持っている。

都会の海で、自然と戯《たわむ》れるような水遊びはまず無理である。国内の富が集中し誰もが憧れる大都会ではあるものの、自然体験できる場が限られていて人間らしい生活を送ることができないのだ。富はあるが、住まいは狭く自然がない。都市と地方のギャップをなんとか埋め合わせることはできないものか。

近い将来、世界人口が九〇億人を超えることは確実と、科学者は予想している。エネルギー資源や食料資源を、今までどおり輸入に依存することが難しくなることは誰でも予想できよう。これから日本がリーダーシップを発揮して、世界の平和と安定に貢献する国家として存在感を高めるには、まず自律的にエネルギー資源、食料資源を確保できる体制を整備することが必要不可欠の条件だ。しかし、エネルギーの99％を海外に頼るわが国に果たして実現可能だろうか、あるいは夢物語なのか。私は、自律できる可能性が十分にあると確信する。

なぜならば、日本は水産資源のみならず海洋エネルギー、鉱物資源を持つ海洋富源国家であるからだ。海洋によって自律できる資源は十分にあると強調したい。ただし、天賦《てんぷ》の恵みである海洋資源を活用するには、その資源を最大限活用できる社会的仕組みを整える必要がある。

それが「自律的海洋資本」だ。富源国家としてリーダーシップを発揮し世界に貢献していくためには、海洋を自律的持続的に活用するための「自律的海洋資本」の充実が欠かせないのである。

この自律的海洋資本には、社会的仕組みとして次の三つの要素がある。

一、海洋環境

二、海洋インフラ

三、海洋制度資本

である。これは、わが国が海洋富源国家として有用に海洋資源を活用し、輸入に頼ることなく、自律的に生きるための仕組みである。

「海洋環境」とは、水産資源、海洋エネルギー資源、海洋鉱物資源などの、生活には欠くことのできない天然の恵みを指す。もちろん、海洋は二酸化炭素や熱エネルギーを吸収し、多くの雨を陸上に提供するなど、生態系サービスとして重要な役割も果たしている。

「海洋インフラ」とは、船、防波堤、防潮堤、漁業協同組合、加工施設、港湾施設、発電施設、陸上交通網等々、海洋活動に必要な諸々《もろもろ》のインフラストラクチャー（基盤）を指す。

そして「海洋制度資本」とは、世界第六位の海洋面積（図1、2）を十二分に活用して、豊かで快適な生活を送ることができるようにするための法制度である。たとえば、わが国の沿岸域、島嶼《とうしょ》の人々が不自由なく生活するためには、医療制度や福祉制度、そして教育制度などの社会制度の充実が必要である。なかでも、次世代のイノベーションのための教育の仕組みを整えることは最も重要だ。

なぜ日本の水産業と造船業は、かつての輝きを失ったのか

これら三つのうち、海洋インフラに着目してみよう。

日本の造船業や水産業にも世界一の華々しい時代があったのは、海洋インフラの整備が整えられてきたからである。しかしながら、今現在どちらの分野も、他国に水をあけられている。それればかりか、すべての海洋産業で人材不足・高齢化に悩まされている。その理由は、価値観の多様化、そしてグローバル化の波に対応できうる海洋インフラの整備を怠《おこた》ってきたからである。

水産業を見るとしよう。水産は漁業だけでなく、加工、養殖、流通等の分野を総称したものである。後述するが「水産」は、日本人が世界に先駆けて定義した学問であり、産業であり、天然の水産資源に恵まれた日本の技術革新《イノベーション》だ。

日本の位置する北西太平洋周辺は世界三大漁場の一つであり、豊富な資源と魚種に恵まれた類《たぐ》い希《まれ》な海域で、海洋環境が整った場所である。現在、全国沿岸には約二九

日本の排他的経済水域（図 1）

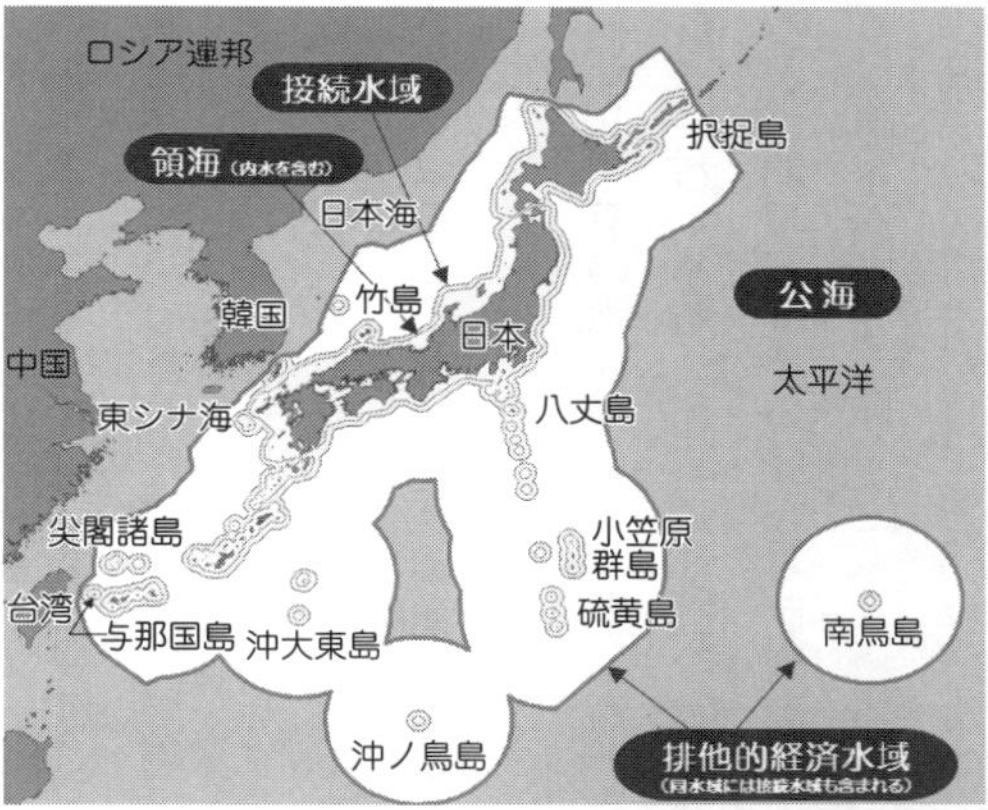

出典：海上保安庁 HP より

各国の排他的経済水域等※の面積と順位（図 2）

	国名	排他的 経済水域面積	国土面積 順位
1 位	アメリカ	762	4 位
2 位	オーストラリア	701	6 位
3 位	インドネシア	541	15 位
4 位	ニュージーランド	483	74 位
5 位	カナダ	470	2 位
6 位	日本	447	61 位

※領海を含む

出典：水産庁　（単位：万㎢）

○○の漁港があるが、この豊かな海洋環境を背景に、日本は明治以来、水産を発展させてきた。事実、自然に負荷を与えない漁業技術、新鮮で味のいい食材を作る加工技術、トップクラスの養殖技術は、世界から一目を置かれている。

また、ご承知のとおり、世界中で最も人気のある日本料理の基本は野菜、そして魚である。魚は野菜に比べて足が早い。日本食の発展の基礎は、漁業、加工施設、流通などの海洋インフラの充実に支えられてきたといっても過言ではない。

水産業はそれぞれの地域の自然環境に依存し、生物多様性が高いため、地域の実態に応じた海洋インフラが必要となる。

しかし、その海洋インフラ整備が、日本は決して十分とはいえない。たとえば、岩手県はいわずと知れた高級食材の産地であり、県内には大小合わせて約八〇の漁港があるが、加工、流通の仕組みが備わっている港と、そうでない港では、極端な格差がある。ある漁港は、サケ・マス類、タラの好漁場が近くにあるにもかかわらず、加工、流通の仕組みが整っていないため、水揚げ後は陸路で往復二時間以上かけて他の漁港に持っていかざるを得ない。

さらにいえば、水産物を消費地にどのような形態で届けるかという、加工技術も海洋インフラの一つだ。わが国では水産物は生《なま》での流通が主流である。確かに、食材としての品質が一級品ということもあり、生での取り引きが多くなるのは無理もないが、このことが生産地に不利益を生じさせる。

水産物は、水揚げ時点では安い値段で取り引きされ、消費者には水揚げの何倍もの値がついて販売される。大消費地で、魚を食べない理由の一つに値段が高いことをあげているが、生産地に行けば半値以下で購入できる。理由は、生産者が生で出荷したものが、流通販売の過程で値段が高くなっていくからだ。消費地で高値販売されても生産地の利益には十分につながっていない。できる限り、販売利益が生産地に回るような海洋インフラを整備する必要がある。

さらに、海外に目を向けると、イタリア食材は輸出額において日本食材の一〇倍の利益を上げている。日本の食材は世界のなかで最も人気があるが、その輸出額はイタリア食材の一〇分の一にすぎない。

その理由は、輸出品の形態の違いが影響している。イタリア料理はパスタ、オリーブオイル、ワイン、チョコレートなど、原材料を加工して輸出することで大きな利益を生み出しているが、日本の魚介類は付加価値の少ない生の状態で輸出される。

たとえば、日本の秋サケは、大半が生の状態で中国、さらにヨーロッパに輸出されている。ヨーロッパでは、日本のサケは脂が少なく人気があるという。だが、たいして値は張らない。輸出額を増やすには、付加価値を付ける加工の技術と施設が必要である。日本周辺の豊かな海洋資源や海洋環境を十二分に活かすために、どのようにして海洋インフラを充実させるかが、これからの日本に求められる課題である。

造船業界では、明治以降に短期間で世界を圧倒する造船技術を確立した。太平洋戦争によって商船の約80%を失ったが、終戦後、着実な復活を遂げた。

しかし、現在は新造船受注量、建造量ともに韓国や中国に追い抜かれている。一九九九年には、日本の受注量三四一隻に対し、韓国は二四三隻、中国は一七三隻であったのが、二〇一〇年には、日本の四二七隻に対し、韓国は四七三隻、中国にいたっては一〇四三隻と二倍以上の受注量となっている（図3）。日本は世界一の造船技術の

世界の主要造船国別受注量の推移（図3）

調査年	日本	韓国	中国	CESA諸国計	その他諸国計	合計
1999（平成11）	341	243	173	388	340	1,485
2000（平成12）	463	356	165	497	310	1,791
2001（平成13）	394	225	183	362	274	1,438
2002（平成14）	434	213	158	294	405	1,504
2003（平成15）	631	577	367	346	383	2,304
2004（平成16）	680	513	480	430	601	2,704
2005（平成17）	536	450	517	499	694	2,696
2006（平成18）	653	699	1,106	484	886	3,828
2007（平成19）	616	1,201	1,970	428	1,189	5,404
2008（平成20）	531	555	1,067	195	912	3,260
2009（平成21）	300	150	487	90	381	1,408
2010（平成22）	427	473	1,043	142	695	2,780
2011.1-9（平成23）	225	312	375	133	213	1,258

出典：一般社団法人日本船用工業会（単位：隻数）

ポテンシャルを備えているが、十分に発揮できていないのである。

造船業界においても、造船技術にかかわる海洋インフラをどう充実させるかが、これからの日本に求められる課題である。


海洋環境には、食料としての水産資源の他、エネルギー資源としてのメタンハイドレート、天然ガス資源、レアアースや貴金属を含む熱水鉱床等々、様々な資源が眠っている。それらを効果的に活用するための海洋インフラが必要である。

しかし、海洋インフラを充実させただけでは十分とはいえない。それは、海洋インフラを利用して海洋環境を活用する能力、そして海洋インフラを生み出す能力、そして、それらの能力を最大限に発揮するため、人材を育成する環境を整えるための制度が求められる。この制度を海洋制度資本と呼ぶ。

日本には、恵まれた海洋環境を最大限に活用するための人材育成をはじめとした、海洋制度資本が未発達なのである。

海洋制度資本の整備とは、まず何よりも人材育成

海洋制度資本とは、海洋環境を持続的に活用するための海洋インフラを整備して、豊かで快適な生活を送るための法制度である。その仕組みには、教育、医療、福祉などの制度が含まれるが、なかでも教育制度の充実は重要課題である。教育制度としては、専門分野の人材育成だけでなく、国民すべてが海国日本としてのアイデンティティを高めるための体験的教育を通し、センスオブワンダーを開花させ、個々人が可能性を最大限発揮できる教育環境を整えることが最も急がれる。この教育の仕組みが十分に整うことで、海洋人材による海洋イノベーションが起こり、海洋インフラを充実させて、海洋環境を最大限に活かすことができるのである。

すなわち、「海洋インフラ」は海洋に関するハード面であり、「海洋制度資本」は人材育成を中心としたソフト面であるといえる。海洋環境を有効に活用するためには、もちろんハード面も重要であるが、人材の育成に焦点を当てたソフト面についても十分に考慮する必要がある。

しかしながら、ハード面にばかり予算が注《そそ》がれ、ソフト面には予算が十分に割《さ》かれ

ていないか、あるいはハード面とソフト面は別物のように扱われ、十分に機能していない場合が多々ある。

たとえば、三・一一後に成立した「津波対策の推進に関する法律」（二〇一一年六月二十四日施行）である。この法律には、明確にハード面とソフト面の重要性が謳《うた》われているものの、住民の合意を図らずにハード面のみが予算化されているという厳しい現実がある。もちろん、関係省庁、関係自治体は渾身《こんしん》の力を注ぎ、諸々の事業を予算化して復興のために日夜取り組んでいるが、反面ソフト面の予算化は後回しになっている。

なぜなら、ソフト面である人材育成の充実には、一〇年単位の時間がかかるうえに、評価が曖昧《あいまい》だからである。教育は国家百年の計というが、論理的なモデルを活用して教育のプロジェクトをデザインし、実行し、評価するといった、じっくりと時間をかけて戦略的に取り組むための仕組みが、わが国には十分に整っていないのである。

さらに、海洋インフラの整備はその場しのぎのものではなく、将来を見通したプロジェクトデザインが必要だ。海洋インフラは時代の変化に対応するために、海洋イノベーションが不可欠である。海洋環境を持続的に最大限に活用するための海洋イノベーションがなければ時代に対応できなくなり、時代遅れになる。

技術革新を生み出すためには、技術開発を生み出す海洋人材の育成が求められる。そして「水圏《すいけん》環境リテラシー」育成も必要である。「水圏環境リテラシー」とは、専門家としてではなく、一般市民として、海洋に関する知識や技能を活用する能力のことである。海洋イノベーションを生み出すための海洋制度資本としての「水圏環境リテラシー」こそ、不可欠な要素なのである。

すなわち、海洋環境、海洋インフラ、そして海洋制度資本の三つがバランスよく備わってはじめて、海洋環境を自律的に活用し、豊かな社会が実現するための資本が「自律的海洋資本」となる。三つのバランスが崩れると、天賦《てんぷ》の資源の宝庫である海洋環境を活用できなくなり、輸入に依存しない自律的国家として存続することが難しくなるのである。

「海洋インフラ整備」の名のもとに進められた環境破壊

これまで海洋インフラ整備と称し、全国各地の海洋環境を破壊しつづけてきた罪は大きい。高度経済成長期に金太郎飴のように全国一律に埋め立てを行ない、海洋環境を破壊した例は枚挙《まいきょ》にいとまがない。

たとえば、漁業者の反対を押しつぶし、稚魚《ちぎょ》のゆりかごである砂浜を埋め立て、工場誘致するといった、官・財・民挙げての愚策によって、地方の海岸線は無秩序に破壊された。企業誘致はしたものの、埋め立て用地に入ってきた工場は、ごくわずかだ。むしろ、景観の破壊、水産資源の減少を招き、生態系サービスからもたらされる本来の海洋の価値を低下させただけでなく、地域コミュニティの破壊にもつながった例が少なくない。海洋に限らず河川、湖沼にも当てはまるだろう。

当時の政策としてはやむを得ないことであったかもしれないが、海洋インフラ整備は、判断を誤ると未来に禍根《かこん》を残すことになる。それだけはなんとかして避けなければいけないと強く願う。

これから自律的海洋国家の実現に向けて私たちがやらなければならないことは、

「水圏環境リテラシー」の考え方に基づき、地域住民、研究者、企業体、自治体の産学官民が協働的に海洋環境をモニタリングし、議論し、自然環境の摂理を理解し、最終的に責任ある決定、正しい行動に結びつく仕組みを作ること、そのための海洋制度資本を明確に位置付けることだ。そのうえで海洋インフラの整備を行なうべきなのである。「水圏環境リテラシー」を持たないで海洋インフラを整備することは、医師免許を持たず手術をするようなものだ。また、合意形成が図られていない海洋インフラ（たとえば、高さ一四メートルを超えるような防潮堤等）は建設すべきではないし、必要のないものは作るべきではないのである。

もちろん、「海洋インフラ」の整備だけを重視するのではなく、世界第六位の面積を誇る排他的経済水域の「海洋環境」を活用するにあたっては、「水圏環境リテラシー」を持った人材を育成し、活用するための社会的仕組み、すなわち「自律的海洋資本」の三つの要素「海洋環境」「海洋インフラ」「海洋制度資本」の充実こそが、わが国にとって最重要課題なのである。

劣勢に立たされる日本の課題

海洋インフラという観点から見ると、自動車などの工業製品の輸出、石油や天然ガスの輸入に留まらず、今後見込まれる海底資源の掘削と運搬、大型客船の寄港の整備など、トータルに世界と戦えるインフラの強化が求められている。

日本は、アメリカやブラジルやチリといった南米の国々と、成長著しい東南アジア、中国を結ぶ絶好の位置に存在しているにもかかわらず、近年、上海やシンガポール、釜山《プサン》などの港が物流の取扱量を急激に増やしており、ハブ港としての日本の地位が揺らいでいる。高コスト体質とサービスの硬直化などにより、劣勢を強《し》いられているのである。

それでも企業単位では、日々努力を怠っていない。

一般社団法人日本船主協会常務理事の保坂《ほさか》均《ひとし》氏によると、わが国の海運会社は、世界でも一、二位を争っているという。たとえば、日本郵船株式会社、株式会社商船三井、川崎汽船株式会社は海だけでなく陸上や航空物流などにも幅広く進出している。各社とも海洋以外の陸送などを含めたターミナル運営を行なっており、陸海を通じて総合的な流通網の構築を進めている。海運を中心とした物流のグローバル化である。

しかし、現状では二つの大きな課題があると保坂氏は語る。

「一つは日本人船員の減少です。コストを抑えるため、一時期、賃金の高い日本人の雇用を控え、外国人船員を雇い入れるようになりました。日本郵船は、フィリピンに商船大学を作り、優秀な人材の確保に努めています。しかし、モノの運搬だけではなく、各社が船舶管理やイノベーションの創出という観点からオフショア等、新規事業を推進するなかで、やはり優秀な人材が求められています。しかしながら、海技の専門知識を持った日本人が不足しているのが現状です」

そこで現在、商船系の大学、商船高等専門学校などが共同で優秀な人材の確保に向けたプロジェクトを推進しているほか、新三級海技士制度で一般大学の工学系学生を採用し、自社養成するなどの施策に取り組んでいる。

「もう一つの課題は、国の支援です。中国や韓国は国を挙げて産業育成のために支援を惜しまない。いかに技術力、総合力では日本が優れても、大規模な事業においては一企業ではどうしようもできないケースがあるのです。オールジャパンで海事クラスターに取り組まなければ勝てなくなっているのです」

求められる海事クラスターへの取り組み

海事クラスターとは、海運、造船、港湾運送、船舶金融、海上保険、海事法律事務所などからなる海事産業と産学官の連携からなる総合体で、海洋先進国のイギリスやオランダでこのように呼ばれている。

現在、オールジャパンで取り組み、成果を上げている事例がある。政府開発援助（ODA）の一環として、海事クラスターを組み、業界と国が一体となって進めているブラジルでのオフショア開発だ。これは、ブラジルの三〇〇キロ沖合で発見された世界最大級の油田・ガス田で、二〇二〇年までに採掘が開始される見込みである。ブラジル政府は、陸上と油田の中継地点としてメガフロートを設置予定で、日本企業は、横幅三一五メートル、縦幅八〇メートルのメガフロートを設置するための取り組みをはじめており、事業規模は数千億円にも上るという。一企業ではできないプロジエクトである。
「広がりを見せつつあるオフショアビジネスや、エネルギー資源開発には、相当なリスクへの覚悟と資金が必要になります。そのためには、海事クラスターの育成と国の支援が、今後さらに必要となるはずです」（保坂氏）
日本において、海洋政策は国の存亡を賭けた重要なプロジェクトであり、長期的な視野に立って推進すべき事案である。政権がころころと変わり、海洋政策が立ち後れ、海洋ビジネス競争において、いつの間《ま》にか外国勢にそのシェアを占有されないようにしてほしいものである。

活《い》かしきれない造船技術、求められるグローバル戦略

海洋ビジネスで、かつて世界を席巻《せっけん》していたのが日本の造船業であろう。

高度経済成長期、海上輸送の需要拡大により、昭和四十年代頃までわが国の花形産業として成長を遂げ、当時世界での受注シェアが過半を占めるほどであった。

ところが、一九七三（昭和四十八）年の第一次オイルショック以降、世界的な景気

の後退により受注が激減し、その後も、プラザ合意（一九八五年）や韓国の大型設備投資による船価の下落（一九九九年）といったマイナス要件が次々と襲いかかった。

しかし近年、リストラや企業再編等による競争力の向上と、中国をはじめ海外需要が拡大したため、九〇年代以降は右肩上がりの成長を見せている。二〇一〇年には二〇二一万八〇〇〇総トンで過去最高水準の新造船建造量を記録するが、中国、韓国に次いで世界第三位の地位に甘んじている（図4）。とはいうものの、一般社団法人日本造船工業会の桐明公男《きりあけきみお》常務理事は、日本の造船業の優位性を次のように語っている。

「造船技術において日本は、世界で最も底力を有する国です。現在、EEDI（エネルギー効率設計指標）というシステムで造船業界が競争しているわけですが、ここでは日本が世界を一歩リードしています。日本の造船業は、長期にわたる技術の蓄積があり、エンジンをはじめとする船舶用機械、船形、航行などにおいてトータルでエコシップ、つまり環境船が造れるからです。韓国や中国の企業は、図面を見て船を造ることができますが、日本のように国際競争に耐えうる図面を作ることはできない。造

世界の主要造船国別竣工量の推移（図4）

調査年		中国	韓国	日本	その他諸国	合計
1990（平成2）	千総トン	404	3,441	6,663	5,546	16,054
	隻数	72	134	760	1,178	2,144
2000（平成12）	千総トン	1,647	12,228	12,020	5,801	31,696
	隻数	120	202	457	1,020	1,799
2007（平成19）	千総トン	10,553	20,593	17,525	8,649	57,320
	隻数	661	430	543	1,148	2,782
2008（平成20）	千総トン	13,956	26,379	18,656	8,699	67,690
	隻数	861	520	562	1,299	3,242
2009（平成21）	千総トン	21,969	28,849	18,972	7,283	77,073
	隻数	1,086	524	576	1,368	3,554
2010（平成22）	千総トン	36,437	31,698	20,218	8,080	96,433
	隻数	1,413	526	580	1,229	3,748
2011（平成23）	千総トン	39,609	35,850	19,367	7,019	101,845
	隻数	1,425	572	593	1,080	3,670

出典：一般社団法人日本船主協会（単位：千トン）

船技術だけでなく、保険から金融まで、一国ですべてが充実しているのは日本の大きな強みなのです。だからこそ、今、日本は海事クラスターを国策として推し進めていかなければなりません」

たとえば、海底資源の開発もその一つだという。日本の周辺の海は深く、効果的な掘削技術、機材の洋上への搬入、輸送といった、これまでにない新技術の投入が求められている。だからこそ、その新技術開発が成長エンジンになる。鉱物資源、エネルギー資源開発はこれからの分野であり、海外への輸出も期待できる。

現在、わが国も独立行政法人新エネルギー・産業技術総合開発機構（NEDO）などを通して開発費が提供され、国策として推進されてはいるが、残念なことに開発した技術の最適な実証フィールドがない。また、現状では漁業との協調も大きな課題で、海洋構造物を浮かべるだけではなく、魚礁《ぎょしょう》（魚の隠れ場所）として活用できることを明確に訴え、理解を深めていく必要もある。

「世界経済のグローバル化が進むなかで、モノを流通させる海運業、そしてエネルギーや鉱物資源の恒常的ニーズがある海洋資源開発の分野が世界的に脚光を浴びており、とくにヨーロッパでは若者に人気のある産業になっています。北海《ほっかい》油田の開発や海洋発電への取り組みにより、新技術が生まれ、海洋産業が育ってきているからです。ところが日本では、海洋産業分野の高齢化が進んでいる。このままでは、せっかく築き上げた日本の海洋技術が台無しになってしまう可能性もあります。人材育成を含め、トータルに戦略を立て、日本の海洋産業を発展させることが、将来の日本経済の成長に大きく寄与できるはずだと思っています」（桐明氏）

食糧としての水産資源の生産と確保

海洋資源の開発ばかりではなく、食糧としての水産資源の生産と確保についても日本は大きな課題を抱えている。

古来、日本人は、海や川の恵みを享受し、タンパク質やミネラルなどを補給してきたが、近年、水産物の消費が急速に減りつつある。二〇〇六年には魚と肉の消費量が逆転、二〇一〇年の水産白書によると、国民一人当たりの一日の摂取量は、肉八二・五グラムに対し、魚七二・五グラムとなっており、その差は年々広がっている。さらに、消費する魚のうち、外国産の養殖物の割合が増えたために日本の水産業従事者の人数が減少、とくに若年層が水産業に就《つ》かなくなっており、将来的な展望は決して明るくない状況だ。

一九五〇年代半ばにには、日本は年間五〇〇万トン台の漁獲量を誇り、世界の漁獲量の25％を占めていた。七〇年代になると、一〇〇〇万トン（世界の17％弱）にまで伸びた。

しかし、一九七七年以降の二〇〇海里漁業選管水域が設けられるようになると、遠洋漁業が衰退していく。八〇年代には漁獲量は一二〇〇万トン台になったが、九〇年代以降、漁獲量は落ちこんでいった。現在は、漁獲量は四〇〇万トン台ほど、養殖を併《あわ》せても五〇〇万トン台でしかない。

将来的に穀物の価格が上昇すると予測されるなか、飼料費の高騰は避けられず、肉類の価格も上昇すると考えるのが一般的であろう。だからこそ、身の回りにある豊かな水産物をいかに活用するかが、重要になってくるのだ。減り続けている水産資源をいかに豊かな状態に戻し、価値ある産業として水産業を蘇らせるかが、大きな課題となっている。

一般的に一つの産業が廃《すた》れると、復旧するには相当の労力が求められる。資金、製造・加工、流通、販売網、そしてそれらにかかわる人材の確保である。その意味では、日本の水産業はさらなる自律的海洋資本の整備が必要だ。そうでないと、長期的なビジョンが見えず、ましてや未来が見えない産業に優秀な人材が集まるとも思えないからである。

なぜ、日本の海運業は衰退したのか

海に囲まれた日本の経済発展は、海運業により支えられてきたといっても過言ではない。古くは、北前船《きたまえぶね》が日本国内の生産物を上方《かみがた》や江戸などの消費地に送り届け、明治においては、西欧の技術を取り入れ、鋼鉄製の大型船舶が活躍した。日本商船隊（日本の外航海運会社が運航する船〈＝外航船〉全体）の年間船腹《せんぷく》量（＝輸送量）は、二〇一二（平成二十四）年が一億九〇七九万重量トンで、一九八五（昭和六十）年の一億五六五万重量トンに比べ、ほぼ二倍増となっている。日用品のほとんどは、船で運ばれている。年々その量は増えてきており、これからもその重要性は変わらないだろう。海運業界なしに日本の経済はあり得ないのだ。

しかし、日本の経済を下支えしてきた海運業界は、グローバル競争による低価格競争という厳しい現実に直面している。物流コストが下落して、他業種、同業種間の競争が激化し、採算が合わなくなっているのだ。その結果、日本の海運業界は淘汰され、今や日本郵船、商船三井、川崎汽船の大手三社体制となっている。

海運業界の淘汰とともに日本人船員は減少傾向にあり、それに伴って日本商船隊の外国人比率が年々高まっている。二〇一二年現在、外航船に乗船する日本人船員は、わずか二二〇八人である（図5）。

一方、日本商船隊の隻数は二八四八隻である（図6）。一隻あたり二三人が乗船しているとすると、六万五五〇四人が乗船している計算になる。ここから、日本人船員を引くと六万三二九六人が外国人という計算になる。これは概算であるが、外航船員に占める日本人船員は4％に満たないのである。

今や、日本の船といえども乗組員は外国人によって支えられているのである。ま

日本の船員数の推移（図5）

調査年	外航船員	内航船員	漁業船員	その他	合計
1974（昭和49）	56,833	71,269	128,831	20,711	277,644
1980（昭和55）	38,425	63,208	113,630	18,507	233,770
1985（昭和60）	30,013	59,834	93,278	17,542	200,667
1990（平成2）	10,084	56,100	69,486	16,973	152,643
1995（平成7）	8,438	48,333	44,342	20,925	122,038
2006（平成18）	2,650	30,277	27,347	16,907	77,181
2007（平成19）	2,505	30,059	26,101	15,590	74,255
2008（平成20）	2,315	30,074	24,921	15,773	73,083
2009（平成21）	2,187	29,228	24,320	15,526	71,261
2010（平成22）	2,306	28,160	23,060	15,896	69,422
2011（平成23）	2,325	27,255	21,749	15,757	67,086
2012（平成24）	**2,208**	27,219	21,060	15,514	66,001

出典：国土交通省海事局（単位：人）

日本商船隊の船籍国一覧（図6）

船籍国	隻数	割合
パナマ	1,881	66.0%
日本	**150**	**5.3%**
リベリア	133	4.7%
シンガポール	122	4.3%
香港	111	3.9%
マーシャル諸島	90	3.2%
バハマ	84	2.9%
その他	277	9.7%
合計	**2,848**	100.0%

出典：国土交通省海事局

た、日本の船であるにもかかわらず、船籍を日本に置かない船も相変わらず多い。

国別の船籍数をみると、約七割は、便宜置籍船《べんぎちせきせん》としてパナマに船籍がある。税金などの優遇税制があるからだ。そのため、世界中の国々の海運会社はパナマに船籍を持っている。

海洋制度資本の欠落こそが衰退の原因

経済のグローバル化、コスト削減による大量生産、流通の整備など、世界的な価格革命によって安いものを多く消費者に届けられるようになった。輸入品は、かつては高嶺の花であったが、今や世界中の国々の商品が簡単に安く手に入る時代になったのである。

しかし、安く大量に生産することは、環境を顧《かえり》みずに廃棄物を垂れ流ししたり、無茶な森林伐採や生産性を上げるための農薬の過剰散布など、そのツケは自然環境に負荷を与えることになりがちである。さらに、経済性を優先するあまり、過剰生産を続け、ひいては石油などの燃料を大量に消費し、二酸化炭素を大量に排出することになる。過度の価格競争は、環境に対して大きな負荷を与えることになるのだ。

確かに、国民の豊かさを支えるのは経済発展である。結果を出すためには相当な努力が必要で、利潤を追求することに偏《かたよ》りがちだ。偏った企業行動は、その場しのぎにはいいが、継続的なものではない。必ず行き詰まりが生じるものである。

一方で、直接利益につながらないが時間をかけて次なる飛躍へつなげるソフト面、すなわち人材育成に労を費やすことが重要である。

自律した海洋国家をめざす前提条件は、一〇〇年、二〇〇年先を見据えた国家的な海洋制度資本の整備であろう。海洋制度資本を充実させることによって、わが国を取り囲む海洋を永続的に活用できる環境に作り上げることになるからだ。

従来、海洋制度資本はあったものの、時代にマッチしていないか、もしくは軽視されてきたのではないか。そのため、海運業は、環境に耐えられず衰退の一途をたどってしまったのである。

このままでは、日本の海運業が壊滅するだけでなく、日本のシーレーンを維持できなくなり、経済発展を妨《さまた》げる結果になる恐れがある。原発事故によって、日本に寄港する船舶が減少しているとも聞く。わが国は災害の多い国である。いつどのようなことがあっても柔軟に対応できるよう、海運業の維持発展は必要なのである。低価格競争に巻き込まれ、その存在価値が見出せなくなる前に、海洋制度資本を充実させ、海運業の発展を支えていく必要がある。

海運業における海洋制度資本とは

では、海運業における海洋制度資本とは、どのようなものを指すのであろうか。それは、海運業界が長期的、戦略的に維持発展するための方策を考える社会的仕組みを作ることである。その根幹となるのが人材育成だ。人材育成は、単なる国家資格の取得のための教育や、専門的知識を高めるためだけではないことを肝に銘じたい。ここでいう海洋制度資本としての人材育成とは、やりがいや生き甲斐を持ち、活躍できるような環境を生み出せる人材の育成である。

後述するが、世界ではじめて海洋温度差発電を考案した上原春男《うえはらはるお》氏（元佐賀大学学長）は、著書『成長の原理』（日刊工業新聞社刊、現在は日本経営合理化協会出版局）で、成長する企業や人には共通点があるとして、第一番目に創造性をあげている。創造性とは、人間が生き甲斐を持って生きるうえでとても大切な要素である。創造性が活かされるときが、人間の脳がいちばん喜ぶようである。こうした創造性が発揮できる職場、そして創造性を育《はぐく》むことができる人材育成を柔軟に行なうことが求められるであろう。

新渡戸稲造《にとべいなぞう》は、今からおよそ一〇〇年前に職業教育のあり方について、次のように述べている。

「職業教育もよほど注意しなければならぬ。何故《なぜ》かというと、職業を授《さず》けて行くに、その職業の趣味を覚えさせねばならぬし、そしてその職業以上の趣味を覚えさせぬようにもせねばならぬ。（中略）教育というものは程度を定め、これ以上進んではならぬといって、チャンと人の脳髄を押え附けることの出来ないものであるからだ」（『教育について』）

海運業界では、船長、機関長など国家資格が求められるが、その資格取得だけをめざした人材育成では、十分に生き甲斐を持った仕事はできないのである。創造性を高めることができるような環境整備と人材育成の手法が必要だ。

たとえば、海運業＝物流だけではなく、あくまでも海運業を柱としながらも、海洋を広くとらえ、海洋再生可能エネルギー分野での活躍であるとか、漁業協調の分野であるとか、いずれにせよ、幅広い分野に対応できるような人材を育成していかなければならないのである。

世界戦略を見据えた新たな枠組みとは

日本水産株式会社の垣添直也《かきぞえなおや》相談役はこう語る。

「たとえば、漁船。ふと気づくと、日本の漁船は古い、時代遅れのものになってしまっていました。東日本大震災後、震災復興予算が付き、新しい船が建造されたのですが、その多くはヨーロッパの最新型モデルでした。漁業が衰退するなかで、周辺産業である造船業までもが衰えていったわけです」

つまり、今日本が抱えている課題は、漁業だけでなく、加工、冷凍冷蔵、流通販売、そして造船に至るまで、いかに水産業全体を再構築するかなのである。そして、それぞれの部門がスムーズに循環しながら拡大できる、ストレスのないシステム作りが求められているのだ。

「日本には、大きく分けても約二九〇〇もの漁港があります。しかし、現状では、それぞれが小さなコミュニティで、原料（海産物）のまま売っていて、流通も業者にお任せしているため、産業として非常に弱い。もっと付加価値を付けて出荷できるはずなのです。たとえばワインがそうでしょ。ブドウをそのまま出荷するのではなく、ワインに加工するから価値が高まるんです。

海産物も同じです。拠点となる港に原料を集約し、加工し、製品化し、独自の流通で出荷するだけで付加価値を生む産業となるわけです。漁業の手法に関しても、たとえば漁協と国やエネルギー開発事業者が、魚礁《ぎょしょう》一体型の風力発電や潮流《ちょうりゅう》発電を作り、陸上に電気を供給するとともに、そこで魚を育て、漁船の燃料も電力でまかなう。

従来は、魚礁を埋めることに予算を使ってきましたが、それでは今の時流の要請からいえば効果的だとはいえません」

政府は、二〇二〇年までに農林水産物の輸出を一兆円、水産物に関しては一七〇〇億円から三五〇〇億円にするといっている。しかし、目標額が小さすぎる。これでは従来型の安い原料としての魚を輸出するという発想にすぎない。欧米諸国に大々的に輸出できるシステムを、新たに構築するくらいの大きな発想の転換をしなければいけない。

「日本がＴＰＰに加入することになれば、漁船、加工、流通、輸出に至るまで、世界と競争できる企業体力を付けていかなければ、海外勢に取って代わられるかもしれな

い」（垣添相談役）

水産業というのは、加工などを含め、いろいろな分野があるが、船に対する投資が大きなイノベーションを引き起こす。だからこそ、世界に通用するメーカーの魚群探知機や漁網を搭載した、最新鋭の漁船を世界に売り込むのだ。一方、国内ではハサップ（ＨＡＣＣＰ）対応の市場、ハサップ対応の加工場、そして流通といった工程をシステム化し、強化することで、安心・安全といった信頼性を高める。日本のブランド力を世界に発信していくのである。

ハサップとは、製造環境をきれいにし加工することで、安全性の高い食品が製造できるといった従来の食品安全性に加え、原料の輸入から製造、出荷までのすべての工程で予測しうる危害に備え、それを防止するための重要な管理点を特定し、監視・記録、問題が発生したらすぐに対策を施し、不良品の流通を未然に防ぐというシステムである。

「今日、日本が誇る工業製品が世界的にシェアを獲得しているのは、高度経済成長期、クルマや電化製品などの製造業が世界戦略を視野においたシステムを構築したからに他なりません。日本も海洋国家なわけですから、世界に通じる漁業、加工、流通といった水産業全体を成長させなくてはならないと思っています」（垣添相談役）

もはや海は、かつての日本の独壇場ではなく、グローバル化し、国際的な競争の場となっている。食糧としての水産業、資源としてのエネルギー産業にかかわる企業やそれを後押しする国同士の熾烈《しれつ》な戦いがはじまっているのだ。

だからこそ、今もう一度、日本が海洋国家として復興するためにはなにをすればよいのかを考えなければならないのである。

水産業における日本の課題

日本における賃金や税制、あるいは様々な規制の問題、さらには生産の現地化とリスクの分散など、グローバル企業の多くが海外に生産拠点を増やし、国内産業の空洞化が叫ばれて久しい。

しかしそれは、工業製品だけのことではない。水産事業においても海外進出が進んでいる。

キョクヨー秋津《あきつ》冷蔵株式会社でも、一九七〇（昭和四十五）年に水産冷凍部門が設けられ、全国各地に工場を設立する一方、近年はアメリカ、オランダ、タイ、インドネシア、ベトナム、中国などに加工工場を建設し、日本に輸出している。同社の門田《かどた》憲一《けんいち》取締役会長は、その経緯をこう振り返る。

「当社は現在、中西部太平洋で四隻の巻き網漁船でカツオやマグロなどを漁獲していますが、加工品の生産に見合うだけの水揚げがありません。さらに少量多品種なため、扱いづらい。そのため、規模の大きな加工場は国内には作れず、海外で生産せざるを得ない状況なのです」

工業製品の輸出で経済成長を遂げてきた日本は、食生活においても簡単でお手軽なものが大量生産・大量消費されるようになった。低価格路線を実現させるためには、もはや旧態依然の水産事業ではニーズに対応できなくなってきているのだ。もちろん、一部では、地域ごとの多種多様な海産物を楽しむ、日本の食文化の継承は残してほしいものだが、日本の水産業がそれらの食文化まで消滅してしまうほど衰退してしまったら意味がない。大量生産・大量消費時代に、海外からやってくるエビやサーモンをはじめとする海産物に食卓が占拠される前に、日本の水産事業を今以上に発展させる必要があるのだ。

門田氏は、魚を獲《と》って市場に出すという、従来型の漁業からの脱皮が求められているという。

「家庭で毎日食事を作る専業主婦の方々にとって、内臓のある魚は処理に手間がかかり、ゴミ出しの問題もあるため、食料品店で魚一匹まるごと買う人が少なくなっています。家庭を持ちながら働く女性も増えているため、調理に手間がかけられなくなっています。このような状況のなかで、やはり、漁師の方々もニーズに応え、付加価値を付けて利益を上げる工夫が必要です。獲るだけでは利益を確保しづらいので、いかに創意工夫し、今日の食の消費形態に上手く対応していくかが求められてます。

TPPをはじめ、水産資源の獲得、流通におけるグローバル戦略など、これからの水産業に必要なのは産学協同による研究開発だと思います。それに工学、科学などのあらゆる知識を応用し、発想力のある人材の育成が必要です。大きな枠組みのなかで、水産業に新しい付加価値を生み出し、現状を打開する必要があるのです」

日本は、世界でも誇るべき広大な海と海産資源に恵まれている。寿司や刺身がヘルシーで高級な食べものとして世界で受け入れられ、海産物の消費量が高まるなか、従来型の水産事業では水産ガラパゴス国家となってしまい、日本の水産業は、世界とは太刀打ちできなくなるであろう。

日本を代表する海洋産業関係者に、海洋産業の現状と将来についてお話を聞き、感じたことは、わが国は四方を海に囲まれた島国であり、この地理的条件を活かしながら世界に比類のない産業力を蓄えてきたということ。と同時に、これからも発展する可能性を十分過ぎるほど持っているということだ。

しかし、現状のままで決して満足をしてはいけない。わが国の可能性を伸ばしていくには、産業界の継続的でより一層の工夫と努力が必要である。そのためには、産官学を挙げたシステマチックな海洋戦略が求められる。様々な関連企業を巻き込み、裾野を広く持ち、企業のみならず研究機関などを巻き込んだ幅の広い海事クラスターの仕組みが必要だ。

そのうえで、これからの日本を牽引する原動力こそが、海洋環境を活かしたイノベーションなのである。日本の発展のカギである。今までの日本がそうであったように、海洋のイノベーションこそが、日本の発展の支えになるのである。

ポイントは、イノベーションを起こすのもシステマチックな取り組みも、すべては人間にかかっているということだ。

第二章

魚を脅《おびや》かす海洋・河川環境の危機

寿司ネタにみる海洋汚染の深刻化

サーモン……鮭（サケ）。呼び名は違うが、生物学的には同じ種類の魚である。

今や、回転寿司で食べたい寿司ネタでは一、二位を誇るサーモンであるが、寿司ネタとしての歴史は意外に浅い。というのも、海洋産のサケ類にはアニサキスやサナダムシといった寄生虫がいる場合もあり、寿司ネタとしては敬遠されていたのである。ところが寿司ネタとして、一九八〇年代から急速に需要が増えたのには、二つの理由がある。

一つは、冷凍技術の飛躍的な向上である。寄生虫は、マイナス二〇度以下で一週間保存すれば死滅するといわれている。ロシアでは、ルイベとして食されていたが、この冷凍技術のおかげで、寿司屋でも安心して使えるネタになった。

二つ目は養殖技術の進化である。寿司ネタとして使われるのは、少し前はノルウェー産であったが、ここ数年ではチリ産が圧倒しており、北海道や岩手で漁獲されるシロザケはほとんど見かけない。回転寿司店が全国に広がると、寿司ネタとして安価で、安定供給できる海外の養殖もののニーズが増え、ノルウェー、そしてチリへとその目が向けられた。また、日本人の食の西洋化が進んだおかげで、味覚の好みが脂のうま味に傾倒していき、残念ながら天然サケより養殖のサーモンの方がおいしく感じられるようになり、チリでの養殖の生産量が急速に増加したのである。

国連食糧農業機関（ＦＡＯ）によると、世界のサケ・マスの総生産量は二〇〇八（平成二十）年には三二一・八万トンで、二〇年前と比べ、およそ二・六五倍にもなったという。とくに、チリでのサケ養殖の生産量は桁違いで、日本の一〇〇倍以上にもなっている。

チリのサーモン養殖は日本が起源

元々、サケ類は北半球にしか生息していないものであった。では、なぜ南半球のチリで養殖が盛んなのか？

実は、チリにサケを持ち込んだのは日本人であった。日本のある技術者が銀ザケの発眼卵（卵膜を通して肉眼で目が認められるようになった魚卵）を北海道から仕入れ、チリの河川に放流したが、上手く回帰することができずに失敗した。そこで挑戦したのが養殖だったのである。天然の良港であるフィヨルド湾は穏やかな海と豊かな雪解け水に恵まれ、絶好の養殖場であった。一九九〇年代当初は、年間一・八万トンであったが、その後サケの総生産量は飛躍的に伸び、二〇〇六年には三七万八〇〇〇トン、二二億ドルになった。

日本人の優れた技術開発力と情熱により、チリ・パタゴニア地方の人々の所得も急速に伸び、最初に養殖に取り組んだ日本人は、この地方では偉大な功労者として今でも感謝されている。

チリのサケ養殖産業はおよそ四万五〇〇〇の雇用を生み、銅や材木に次ぐ国の主要な輸出品になっている。

しかし、喜ばしいことばかりではない。ここに来て大きな問題が生じている。養殖の際に出る残餌《ざんじ》（養殖魚の食べ残し）と排泄物による海洋汚染である。フィヨルド湾は穏やかで絶好の養殖場である一方、海水が滞留するため汚染した水が一カ所に止《とど》まり、なかなか循環しない。環境汚染に非常に弱いのである。そのため、近年では赤潮《あかしお》が発生して魚介類に影響を与えるようになった。

パタゴニア地方は美しい自然環境が魅力であり、毎年数多くの観光客で賑わう。私も二〇一二年に、コヤイケ周辺を日本製のピックアップトラックで観光した。山頂の氷河から水しぶきを上げて流れ落ちる雪解け水が、フィヨルドに注ぎ込む美しさは圧巻であった。このような美しい景観が破壊されていくことに対し、地元民は危機感をつのらせている。

パタゴニア地方で発生する赤潮件数は出荷量と比例しているという。年々出荷量が増すごとに、赤潮の発生件数も増えているとチリの研究者は語った。確かに地元経済にとってサーモン養殖はかけがえのないものになっているが、ひとたび自然環境が破壊されると、養殖どころではなくなる。

また、海洋汚染はサケの健康にも大きな影響を与える。地元の情報誌『パタゴンジャーナル』によると、アメリカに輸入された養殖サーモンから発がん性のあるクリスタルバイオレットが検出され、輸入禁止措置がとられたという。クリスタルバイオレットはチリでもアメリカでも禁止されている消毒薬であるが、過密飼育により環境の悪化と健康被害は避けられず、やむを得ず使われているものと思われる。

こうした事態について、地元では、自然環境の維持とサーモン養殖産業の持続的な発展を図るための模索がはじまっている。サーモンの稚魚を天然の湖で育成してきたが、閉鎖循環型の陸上養殖に切り替えるなどの研究が行なわれている。しかし現段階では、赤潮の発生を防ぐ有効な手立てがなく、汚染箇所は広がる一方である。脂の乗ったサーモンには、それなりの代償が支払われているのだ。

なぜウナギが捕れなくなったのか

種《しゅ》は淘汰され、それぞれに進化し、環境や外敵に対し優位性を持った者がその存続を許されてきたわけだが、今日のそれは、多くの種にとってあまりにも過酷である。地球誕生から四六億年の歴史のなかで、異常ともいえるほどの急速な地球環境の劣化が深刻になっているからだ。森林伐採や飽くなきエネルギー資源開発と、それに起因する大気汚染や温暖化など、至る所でほころびが見えはじめ、人間の知恵では補《おぎな》いきれないほどの環境悪化が進んでいるのである。

たとえば、オーストラリアでは、近年急速に皮膚がんになる患者が増え、診断されるがんの八割を皮膚がんが占めるといわれている。そのため、とくに皮膚が弱い子どもたちの保護者は神経質にならざるを得ず、幼稚園や学校には必ず日焼け止めが常備され、子どもたちが外出する際は帽子やサングラスは欠かせないという。

原因は、オーストラリアの上空にある南極オゾンホールである。そのオゾンホールの拡大により、大量の紫外線が入り込んで人間の皮膚が耐えられない状況にあるのだ。昔から住んでいるアボリジニの人たちが長年の間、直射日光の激しい環境下で耐性を身に付けてきたのに対し、移民としてやってきた白人系の住民は、直射日光に耐える皮膚を持っていないため、より皮膚がんになる確率が高いのである。

私たちは、人間の英知でなんとか乗り切れるだろうと高《たか》をくっているフシがあるが、もはや危険水域を超えつつある状況なのである。ましてや無防備な動植物にとって、今の地球環境は赤信号が灯《とも》っているといって良いだろう。

ウナギもその一種である。近年、厳しい環境下におかれているのは間違いない。環境省が絶滅危惧種に指定したのに続き、二〇一四（平成二十六）年六月には国際自然保護連合（IUCN）もニホンウナギについて「近い将来、野生での絶滅の危険性が高い」絶滅危惧種に指定した。

漁獲統計によると、ウナギ漁獲量はほぼ毎年減少傾向を示し、二〇一二（平成二十四）年では、養殖ウナギの水揚げ量は二万トンを切り、天然ウナギの漁獲量は一六五トンにまで落ち込んでいる（図7）。乱獲が大きな要因だとされているが、実際の川や海では、いったいウナギになにが起こっているのであろうか？

かつて、日本各地には多くのウナギの産地があり、その名残《なごり》は街にあるうなぎ屋の数で察しがつく。千葉県の我孫子《あびこ》市にある手賀沼《てがぬま》周辺には数多くのうなぎ屋が軒《のき》を連《つら》ね、創業一〇〇年は下らない老舗《しにせ》もある。一九六五（昭和四十）年には、手賀沼で一一トン捕れていた。手賀沼漁業協同組合によると、それ以前は一〇〇トン以上の漁獲量があったという。手賀沼周辺の漁師たちは八月～十月にかけて下りウナギを捕り、東京市場へ出荷していたという。

しかしながら、うなぎ屋がある場所にウナギが数多く生息していたという事実は過去の話であって、現在ではうなぎ屋があってもウナギが捕れているかというと、そう

国内のウナギ生産量（図7）

調査年	国内天然漁獲量	国内養殖生産量	合計
2003（平成15）	589	21,526	22,115
2004（平成16）	489	21,540	22,029
2005（平成17）	484	19,495	19,979
2006（平成18）	302	20,583	20,885
2007（平成19）	289	22,241	22,530
2008（平成20）	270	20,952	21,222
2009（平成21）	263	22,406	22,669
2010（平成22）	245	20,543	20,788
2011（平成23）	229	22,006	22,235
2012（平成24）	165	17,377	17,542

出典：農林水産省（単位：トン）

ではない。いや、ほとんどいなくなったというのが現状である。

なぜか、ウナギが生息していた場所には人々が集まる。水環境が豊かで、人間が住みやすい場所なのだ。しかし、結果的に人口が稠密《ちゆうみつ》になり、河川上流にダムが建設され、生活排水、農業排水、産業廃水が流れ出し、河川環境が悪化することによってウナギの生息場所がなくなってしまった。産卵にかかわるウナギの量が減り、産卵地に向かうウナギが減少すれば当然、生まれてくる稚魚の数も減ることになる。

ウナギの産卵場は以前から謎であったが、塚本勝巳《つかもとかつみ》氏（日本大学生物資源科学部教授）により、産卵場が発見されたことで、ウナギの謎が徐々に解明されていった。明らかなことは、産卵場と生活場所が大きく離れているということだ。産卵場と生活場所を結び付けるのは日本海流という、赤道付近から北へ向かう大きな海流である。この海流に変化が生じると、ウナギの稚魚の移動に大きな影響を与えるのである。

ウナギを取り戻すための五つの方策

大量消費社会を迎えたことで、ウナギを捕り尽くしたことも大きな要因であろうが、水質の悪化、外来魚の増加、水温変化などによる河川の環境変化は、種の保存を脅かすほどの大きな負担となった。ウナギの激減の問題は、ヨーロッパでもアメリカでも同様だ。

なんとかこの危機を脱したいと思うのは、私だけではないだろう。ではどうしたらいいか、考えられることを述べてみたい。

一、河川の修復

どこに行っても日本は三面（川底と両岸）護岸、経済発展の名の下に河川が改修され、蛇行した河川はまっすぐになり、区画整備され、すっきりとした町並みとなった。もちろん、水害を防止するためには不可欠な構造になっているのかもしれない。しかし、生物にとってはどうか、というと別だ。

高度経済成長のときは、生物が生息できるかどうかは二の次であった。自然環境の改変の結果として、ウナギが減少してしまったという事実については反省はない。人と科学の力で自然を取り込み、ウナギもいつしか回復できるはずであると高をくくっていた。しかし、自然は人が簡単に取り込めるほど単純なものではなかった。植物、動物、水、土地すべてが長年の歳月をかけて互恵関係を築き、一度壊されたらなかなか回復が難しいことに、今、私たちはようやく気づいたのである。

だからこそ、もう一度自然に対する畏敬の念に立ち返って、河川改修をどうすべきなのか、議論してほしいものだ。

二、水質改善の必要性

河川環境にはある程度の耐性があるウナギであるが、さすがに生活排水、産業廃水の流れ込むような汚染された水域では生息できないことは明らかである。しかしながら、水産行政と下水道行政の接点がなく、水質汚濁防止法に抵触しなければ、たとえ水産生物に影響を及ぼしそうであっても、下水の流入を簡単には規制できない仕組みになっているというのは、本当に残念なことだ。

こうした環境下で、日本の河川から約三〇〇〇キロも離れたマリアナ諸島西方沖まで、産卵の旅に出る過酷な運命を背負ったウナギが耐え抜くのは容易ではない。今こそ、水生生物の立場に立った水質管理のあり方を検討すべきであろう。

三、放流ウナギの規制

放流ウナギについても問題を抱えている。ウナギの漁業権を設定している河川では、資源保護のためにウナギの放流が義務付けられているが、残念ながら地元で捕れたウナギを放流するわけではなく、養鰻《ようまん》業者から購入したウナギを放流しているのが一般的である。

かつては、日本産のニホンウナギであったが、ニホンウナギの稚魚が不足しはじめた九〇年代以降に海外からの輸入ウナギ、ヨーロッパウナギなどがニホンウナギに代わって相次いで放流された。その結果、ヨーロッパウナギが自然の河川で捕獲されるようになっている。一見しただけでは区別が付かない。ただ、ニホンウナギに比較して大型になりやすい。私自身も、地元河川で捕れた一メートル級のウナギを飼育していたが、遺伝子解析の結果、アメリカウナギの可能性が高いという結果が出て、周囲を驚かせた。

こうした外国産のウナギがニホンウナギの生息場を奪ったということも、考えられなくもない。苦肉の策がかえって、自然形態を壊してしまっては元も子もなく、慎重な対応が求められるべきである。

四、ストップ・ザ・大量生産・大量消費

そもそも、ウナギの大量生産・大量消費には無理がある。ウナギはうなぎ屋で食べるべし、これはウナギが教えてくれているような気がしている。日本人よ、ウナギはそれほどいるものではない。贅沢は庶民の敵、普段から店頭に並ぶのはもってのほか、大安売りに目を奪われるな、といいたい。

五、ストップ・ザ・地球温暖化！

ウナギの稚魚はグアム沖で生まれた後は日本海流に乗って、日本沿岸に辿り着く。日本海流に乗るのはいいが、いったいどうやってどのようなタイミングで日本沿岸に接岸するのか、その理由は、いまだ謎である。

ウナギの仲間であるアナゴの場合は、沿岸水の低い温度が岸に向かう引き金となっている可能性があるという。もし、ウナギもそうした水温低下が引き金になっているとすれば、沿岸水が温かい状態が続いている昨今では、とうてい沿岸部に接岸できない可能性もある。

今さらだが、地球温暖化対策を真剣に考えるべきときがきているのだ。

富山名物「マス寿司」が幻のグルメとなったわけ

曲げわっぱの底に笹が敷き詰められ、そのうえに酢めし、さらに鮮やかな色合いのサクラマスがのせられた富山の名産品「マス寿司」。読者の多くは、このマス寿司を一度は食したことがあるだろう。なぜマスなのかといえば、かつて富山湾はサクラマスの一大生産地であったからである。

ところが、その原材料が書かれたラベルを見ると、マスではなく、多くが北海道産のサケや、ノルウェー産サーモン、チリ産サーモンとなっている。厳密にいえば、私たちが食するその多くは、マスのお寿司ではない。サクラマスの漁獲が激減し、代替としてサケや、いわゆるサーモンが使われるようになったのだ。つまり、「マス寿司」といいながら、「サーモン寿司」を食べていたのである。

実際のところ、日本海でなにか変化が起きているのだろうか。そう思った私は、一昨年、日本海側の河川を旅することにした。

まずは、富山県の神通川《じんずうがわ》へ向かった。かつてこの流域では漁師がサクラマス漁に精を出していた。一九〇七（明治四十）年頃のサクラマスの漁獲量は一六五トンであり、現在の一〇〇倍を優に超える量が神通川を遡上《そじょう》していたのである。今現在は、一トン前後にすぎない。その原因は、ダムや堰堤《えんてい》に進路を阻害され、河川上流の産卵場所まで遡上できないためと指摘していた。漁協では、改善のため遡上できる魚道を確保し、産卵を助ける取り組みを続けている。また、サクラマスの親から卵を取り、人工孵化《ふか》にも取り組んでいた。

福井県の九頭竜川《くずりゅうがわ》でも、かつてあれほど捕れたサクラマスがほとんど捕れなくなった。そのため、市民活動家たちがキャッチ&リリースや人工孵化を手がけ、資源を守るために息の長い活動を行なっている。今現在、それしか方法がないのである。

黒部ダムがもたらした生活の利便性、失った自然環境

サクラマスは春に生まれ、二年間ほど河川で過ごした後、魚体の一部が銀色に輝き（スモルト化という）、二〇センチぐらいの大きさになると、春の増水期のあたりに川を降りて海へ下る。海で一年を過ごし、約六〇センチを超える巨大なサクラマスになって再び川を訪れ、秋口まで川を上り続け、ヤマメたちと一緒に産卵する。卵から孵化するまでの四カ月間と、孵化してから二年、そして海から遡上して八カ月間の、実に三年間も川の生活に依存した魚なのである。

富山県といえば、国内最大の流量を誇る黒部川《くろべがわ》が有名であるが、神通川や九頭竜川など日本海側にはサクラマスの生活を成立させるだけの豊かな河川環境が備えられていたのである。

ところが昭和三十年代を迎える頃になると、日本は高度経済成長期に入り、その経済を支える電力源の確保として注目されたのが、水量豊富な黒部川だった。黒部ダムは一九五六（昭和三十一）年に着工、一九六三年に竣工した。

この時期、日本では各地域にダムが建設されたが、ダムは治水や電力の供給など、

経済的な恩恵をもたらす一方で、ダム湖に流入する土砂や有機物により、水質が変化。長年湖底に堆積しヘドロ化した堆砂《たいさ》が漁業被害をもたらした。それは黒部ダムも例外ではなかったのである。

つまり、サクラマスにとって、適した河川がなければ生活はできないし、放流だけではサクラマスの個体群を守ることはできないのである。

もちろん、経済活動を否定するわけにはいかないが、これらの反省を踏まえ、いかに自然を壊さずに、共存共栄できる方法を探っていくことが、私たちにとっての大きな課題であろう。名産品は、産地の食材を使ってほしいものである。

太平洋に浮かぶ、プラスチックゴミ一億トンの脅威

母なる海は、川の水や雨、そして太陽熱を吸収し、再び水蒸気を発することで、自然の循環を保つ大きな役割を果たしてきた。

ところが近年、人工物の流出によって、海中の環境が大きな危機を迎えている。

広く知られているところでいえば、二〇一一（平成二十三）年三月十一日、東北地

方沿岸を襲った東日本大震災による福島第一原子力発電所の放射能漏れがあげられよう。放射能を含んだ非常用冷却水などが海へと流出し、太平洋に拡散、低い濃度まで希薄化したが、放射能そのものが消えるまでは相当の時間を要する。

また、発電所周辺の海では、海洋堆積物として海底の砂などに入り込み、海底に棲《す》む魚からはセシウムが検出されている。東北地域の魚類は食べてはいけないと神経質になっているが、決してそうではない。しっかりとモニタリング（調査観測）した結果を踏まえたうえで判断してほしい。リスクコミュニケーションとしても、行政と市民との情報交換はとても重要である。市民も行政も研究者も積極的な取り組みが必要だ。

土壌汚染であるならば、土地の表層を削り取り、袋詰めして地下に管理すればよいが、海中となるとそうたやすくはない。おそらく、今後も長期にわたってモニタリングを続け、魚介に含まれるセシウムの検査や海底調査が必要であろう。自然のものであれば、母なる海は浄化してくれるであろうが、人工物に対しての処理能力は持ち合わせていないのである。

近年、日本ではプラスチックゴミなどの回収率は格段に向上しているが、たとえば、日本海側沿岸では、韓国や中国からと思われるプラスチックゴミや医療用廃棄物などが大量に打ち上げられている。テレビの報道番組などで取り上げられるケースも多く、海洋投棄問題は日本だけで解決できる問題ではないことがわかる。海は多くの国と繋がっているのである。

アメリカのカリフォルニア州とハワイ州の間には、太平洋ゴミベルトと呼ばれる、プラスチックゴミが集積した「ゴミの島」が浮かんでいる。その総量はなんと一億トン、この一〇年で一〇倍に膨《ふく》れ上がったというのだ。

プラスチックゴミは、われわれ人類の生活と密接にかかわっており、プラスチックがない生活はあり得ない。ペットボトル、キャップ、ポリ袋など、日常生活に欠かせないものや、プラスチック製品を作るときに用いられるプラスチックの原料とも呼ぶべきレジンペレットが川を下り、やがて海へと辿り着く。

年々その排出量は増大し、太平洋ではハワイ沖に集中し、太平洋ゴミベルト地帯を形成する。海上での摩擦によって細かく砕かれ、微小な破片となって海のなかを漂っているのである。これほどまでにプラスチックのゴミが集まるとは、誰が想像していたであろう。

これらの細かい破片は、生物に摂取されると、消化されずに胃の内部などに蓄積し、餓死に至る原因ともなっている。二〇一二年二月、アメリカ環境保護庁はハワイ大学の海洋漂流ゴミに関する研究に対し、一万五〇〇〇ドルを拠出した。タンカーのフィルターに付着するプラスチックゴミの汚染状況と分布を調査するためだ。その研究によると、プラスチックゴミには、有害物質のＤＤＴなどの化学物質が吸着され、魚類や鳥類など野生動物が捕食していることがわかった。

まだ、それらの害が人体に影響を及ぼしているかは調査・研究中であるが、原発事故で発生したセシウムのように、人の手によってもたらされた有害物質が野生動物や魚類に飲み込まれ、それをまた人間が捕食するという皮肉な循環が恒常化しつつあるのが現状である。

地球温暖化問題と同じように、先進国のエゴで弱者となる国や生物たちが害を被《こうむ》るのはあまりにも理不尽である。人体への害が見つかってから手を尽くしても、その害を押さえ込むことは困難であろう。一日でも早く、世界規模での海洋投棄ゴミ問題の対策を講じる必要がある。

第三章
崩壊の危機にある日本の海洋水産

原点を見失った戦後の水産政策

水産業がどのようにして誕生したのか、なぜ水産と命名されたのかなど、水産の歴史的背景について理解している日本人は、関係者も含めほとんどいないに等しい。

本来の自国の持っている地勢も理解せず、国産の水産資源を軽視し、思慮なく外国の生産物を買い求めることは、日本の存在そのものを否定していると言っても決して誇張だとはいえない。古来、肉食に頼らず食生活を営んできた日本人にとって、水産物からの豊富な栄養源は欠かせない重要なものであって、国の発展になくてはならないものだった。当然のことながら、明治以降、近代化の波が押し寄せても重要な産業として栄えてきたのである。

そもそも水産業は、明治のはじめ、松原新之助《まつばらしんのすけ》(水産講習所初代所長)らによって世界ではじめて定義された日本発祥の産業である。ここで「水産」という産業がどのように成立したのか、その黎明期を振り返ってみたい。

明治の日本人が定義した「水産」という用語

そのはじまりは、一八八〇（明治十三）年にまで遡《さかのぼ》る。

水産教育の礎《いしずえ》を築いたといわれる松原新之助は、ベルリン万国水産博覧会事務官としてドイツに赴《おもむ》いた。当時、松原は東京医学校（現・東京大学医学部）を卒業後、医学生に生物学を教授するかたわら、農務局御用掛を兼務していた。そこで、自ら作成した日本産魚類目録『Catalog der Japanischen Abtheilung der internatienalen Fischerei-Ausstelung zu Berlin』を欧文と学名で紹介。ドイツの魚類は五〇種であるのに対し、日本産魚類は六〇〇種もあり、ヨーロッパの人々を吃驚《きつきょう》させたという記録が残っている。ヨーロッパ滞在中に松原は、日本は水産資源に恵まれた海洋国家であることを実感したのであった。

帰国後、ドイツ出張の際に見聞した水産保護、水産法規、養殖、水産協会、水産学術調査等について記載した『獨乙《どいつ》農務観察記』を著《あらわ》して、わが国の水産振興の必要性を訴えた。

一八八二（明治十五）年には、わが国の水産業を支える初の団体として大日本水産会が発足。ここを水産行政の中心的存在として、あらゆる政策が打ち立てられていった。一八八四（明治十七）年の大日本水産大会において、「わが国水産の現況と将来」が発表され、「水産資源は豊富な時代から漁獲により資源が減少する」と予測し漁業の制限、養殖技術の向上、加工技術の向上の必要性が訴えられたのである。

松原による一九〇八（明治四十一）年三月十三日の記事によると、次のように書かれている。

「明治十五年、同志が寄って大日本水産会を創設した。その頃には、その会の名称を決めるのに大いに困り、数人が鳩首《きゅうしゅ》談合の結果、漢書中に水産と云う文句（陸産に対して）のあるのを発見して、ここで始めて水産会と呼ぶことになった。之《これ》が我が国に『水産』と云う一名詞を世のなかで使われ始めた嚆矢《こうし》である」

今現在ごく普通に使用されている「水産」という言葉は、明治のはじめに松原らの発案によってできた言葉なのである。また、「漁業、養殖、加工」を三つの柱として「水産」を定義したという。そのため、水産を意味する英語訳がなく漁業、養殖、製造を表すために漁業を意味するFisheryからFisheriesを英訳と定めた。

　こうして、松原新之助らが定義した水産は代々受け継がれ、今日に至っている。現在、日本が提唱した「水産」すなわち漁業、養殖、加工は世界的にも広がりを見せており、寿司ネタとして人気のあるマグロやサーモンは日本の養殖技術、加工技術に支えられているといって良い。

　その後、一八八八（明治二十一）年十一月水産伝習所を設置、一九〇二（明治三十五）年には官立となり、水産講習所（現・東京海洋大学）として新たなスタートを切るなど、水産学の興隆に大きく貢献した。

　このように、松原は水産を日本に定着させた中心人物であったが、水産業の推進に尽力した人物が他にもいる。村田保《むらたたもつ》である。村田は、佐賀県出身の刑法学者であり、民法を創った人物のひとりである。一八八〇～一八八一年、村田はドイツに派遣され、行政裁判所法、憲法自治制、刑法について法律の調査を行なった。一八八〇（明治十三）年、ベルリンで万国水産博覧会が開催されたとき、村田は法制官として出張していたのである。たまたま、この博覧会で松原新之助と出会い意気投合し、海国日本として水産の必要性を痛感したという。

さらに、村田が渡独中、法学博士で行政裁判所長官であったルドルフ・フォン・グナイスト氏が「ドイツにさえ水産会があり、水産教育機関があり、水族館がある。海国日本ではどうか」と質問したのに対し、村田は水産事情については少しも知るところなく、ただ赤面したのみであった。このエピソードも、水産に身を投じるきっかけとなったと思われる。

その後も、水産局の再設置、漁業法、遠洋漁業奨励法の発布、水産伝習所の新設などに努力し、水産行政の大根幹をうちたてた。一八九〇（明治二十三）年には、勅選の貴族院議員に任ぜられ、一八九三（明治二十六）年には、初代水産伝習所長関沢明清《せきざわあけきよ》に次いで二代目所長となり、水産講習所となるまで、同所の経営にあたった。

一八九七（明治三十）年、水産伝習所の功労に因んで、小松宮彰仁《こまつのみやあきひと》親王殿下より「水産翁」の称号を賜わった。一九二七（昭和二）年、東京・越中島《えっちゅうじま》の水産講習所構内に水産翁碑が建てられた。清浦圭吾《きようらけいご》伯爵による撰文は、一三〇〇字の漢文によって、その水産翁の所以《ゆえん》を力強く讃えている（現在は、東京海洋大学品川キャンパスに移設されている）。

水産振興に果たした大隈《おおくま》重信《しげのぶ》の功績

松原新之助らが立ち上げた大日本水産会には、各界の著名人が賛同者となり水産振興に多大なる貢献を果たした。そのなかには早稲田大学を創設した大隈《おおくま》重信《しげのぶ》もいた。

大隈は、大日本水産会の名誉会員として、水産振興に大きな期待を寄せていた。一八九七年の大日本水産会講演会では、「水産上の希望」と題し、水産に対する熱い思いが語られている。

「まず、此の水産と云うものは人の生活の上に最も大切なる関係を持って居り、それから農業と云うものに関係を持って居る。それから国の経済上から云えば国の富上に関係を持って居る。と同時に外国貿易と云うものに関係を持って居る。なかなか此の水産の国に及ぼすところの関係は実に大なるものである。先づ日本は古い関係よりして、若《も》しくは宗教の関係よりして肉を食せぬ国である。為《ため》に人の生活の上に就《つ》いても体力を養う上に就いても最も水産と云うものが此の食用品に大切なる滋養分であったのである。近来段々……維新以来外交が開け世の進み生活の度の高まるについて肉食も流行いたしますが中々肉と云うものは値が高いものである。鳥獣の肉は中々値が高いのである。且《か》つ此の小さな島の面積について欧米の如く牛であるとか羊であるとか豚であるとか云うものを沢山養って一般の食前に上《のぼ》すと云うことは中々国の現状が許さぬ。又兎《と》に角《かく》幼稚にして中々値の高いもので十分にもちいること出来ぬ。（中略）幸い日本は海国にして四面七千里と云う海岸を持って居り、無数の島嶼《とうしょ》で至る所此の水産を持って居る。此の水産は最も人の生活の上に実に必要なものである。（中略）さらに一層諸君に力を併《あわ》せて而《しか》して此の国に最も有益なる水産業の発達を諸君に御計《おはか》りいたしたいと考えます。終わりにのぞんで此の水産界の将来の繁栄と将来の成功を希望して一言を述べました」

確かに現在は、当時と比較にならないほど科学技術の発展とともに、水産業も躍進した。しかし、極度な市場原理主義によって、海洋環境に対し過剰な負荷がかかりすぎ、手の付けようのない状況に陥っているのも事実である。

世界中がなんとかしようと模索しているなかで、自然と共存しつつ、自然資源を有効に活用する、という水産本来の考え方は、今日の経済活動を持続可能なものにする古くて新しい発想である。水産の黎明期に活躍した人物の功績をひもといていくと、資源の有効活用について重要な示唆を与えてくれる。

日本が編み出した水産は、本来自然に優しい持続可能な技術である。この水産をよく理解し、発展させる政策こそが今求められているのである。では、具体的にどのような状態が望ましいのか？　もう一度、水産の原点に立ち返って、わが国の風土に適した考え方を私たちが身に付けていくべきではないだろうか。

ＴＰＰの前に理解すべきことは？

日本は、広大な海洋面積を持つ海洋国家で、近年その海底に、膨大な鉱物や天然エネルギー資源が埋蔵されていることが判明している。

その海洋資源の活用次第では、エネルギーや食料をまかなうことができる。天然資源の輸入大国である日本にとって、海洋資源開発は、今後、不安定な世界情勢のなかで生きていくための宿命といえる。

しかし条件がある。それは、本書でも繰り返し述べているとおり、自律的海洋資本の三本柱〈海洋環境・海洋インフラ・海洋制度資本〉をしっかりと構築することである。わが国はこれまで海洋国家として水産業や海運業、造船業で華々しい時代を経験した。しかし、今はもはや見る影もない。その理由は簡単だ。この三つの柱のバランスがとれなくなったからである。

まず、水産業の発展と停滞の経緯であるが、日本の水産業は、恵まれた自然環境のもとで発展した産業である。二〇〇九（平成二十一）年の国際調査プロジェクト「海洋生物センサス」の報告によると、日本周辺の海洋生物を含め生物多様性は世界一であると報じられており、まさに海洋環境の豊かな国家であることを証明している。

産業発展に欠かせないのが人材の育成である。一八八八（明治二十一）年の水産伝習所の設立、さらに一八九五（明治二十八）年に実業補習学校規定が出されたことをきっかけに、水産伝習所内に水産教員養成課程が設置され、全国各地の水産補習学校に教員を輩出するようになる。全国各地に水産業従事者を育成する水産補習学校が設

置され、海洋制度資本の充実が図られた。水産補習学校は岩手県だけで一八校を数えた。宮古《みやこ》水産高等学校のように一部は、後期中等教育機関として水産高等学校に格上げされた学校も設置されるようになった。

このように明治期から昭和初期にかけて、豊かな海洋環境を活用した海洋インフラと水産講習所や水産補習学校の設置により、海洋制度資本が充実し、バランスのとれた水産業の育成が図られた。

バランスを失った戦後の水産業

光明がさしかけた水産業であったが、戦後になると様相《ようそう》が一変した。戦後の学制改革により、高等学校入学前の水産教育は中学校における「職業科」のなかで行なわれたが、「職業科」は一九五八（昭和三十三）年に「技術・家庭科」へ改められ、中学校での水産教育は次第に消滅していくこととなった。

それに伴い、水産業について教育を受けない生徒が増加することになり、結果的にわが国発祥の産業である水産をよく理解できない国民が増えたのである。日本が独自で形成した水産業についての国民の理解不足や関心の低下は、当然のように水産離れを生み出すことにつながった。

一方、地方の水産業を担《にな》う人材を育成する専門教育は水産高等学校で行なわれ、高校生以下の水産教育は、水産高等学校で実施されるのみとなった。明治期と戦後の水産教育の違いは、戦前の中等水産教育の目標が「主として、地域水産業の発展に貢献する中堅技術者の育成」に置かれていたのに対して、戦後は地域水産業の発展はもとより「遠洋漁業の中堅技術者の育成」を目標とし、実習船の建造や、施設・設備の充実に大きな力が注がれるようになったことである。

遠洋漁業の中堅技術者の育成が重要視された背景には、一九五一（昭和二十六）年に産業教育振興法の制定により、水産高等学校の実習船などの施設、設備等財政的基盤ができたことがあげられる。同法の国庫補助金を利用した実習船の建造は、富山県の「富山丸」（二二一トン）が産業教育振興法補助金第一号船だった。水揚げ成績が優秀であったため、文部省の遠洋漁業実習教育のモデル船となり、その後多くの水産高等学校が遠洋マグロ延縄《はえなわ》実習に参画することとなった。

一九五二（昭和二十七）年になると、前年のサンフランシスコ講和条約の締結により、マッカーサーラインが撤廃されたことで、遠洋漁業で利用される三〇〇トンを超える漁船の建造が進んだ。終戦直後の水産高等学校の漁業科では、乙種一等航海士の資格取得を目標の一つとして教育を行なってきたが、乙種一等航海士の資格では三〇〇トンを超える船舶の船長にはなれないことから、船長ができる甲二等航海士の資格を取得させる専攻科課程の設置と、実習船の大型化が全国で進められることとなった。

水産業は海洋インフラの充実によって大きな恩恵がもたらされ、漁業生産量を拡大させた。一九六二（昭和三十七）年の『科学技術白書』では、「漁船能力の増強、漁業技術の進歩、漁業用資材機器の改善、新漁場の開発等に関する科学技術の進展発展により、毎年、三〇万トン前後の漁獲量の増加を続けている」と報告されている。

しかしながら、水産業の躍進はいつまでも続かなかった。一九七三（昭和四十八）年のオイルショック、そして、二〇〇海里漁業体制のもとに遠洋漁業の規模は縮小へと転じることとなる。漁獲量も一九八〇年代をピークに、その後下降線を辿った。結果、大型実習船教育は継続されたものの、遠洋漁業船は減少し、海技免状を取得しても漁船に就職できない状況が生まれた。水産高等学校に入学を希望する生徒が減少し、水産高等学校の存続が危ぶまれるようになった。

遠洋漁業を柱とした海洋インフラの整備は継続して行なわれたが、その一方で、人々が最大限の可能性を発揮して海洋環境を活用し、一人ひとりが豊かで快適に生活するための海洋制度資本としての水産教育の役割が、海洋インフラに比較して著しく低下することとなった。

海洋インフラを整備することは同時に、海洋環境を破壊することも危惧される。たとえば、大型船を入港させる岸壁を作るため、浅海域を大規模に埋め立てれば、それまで生息していた水産重要種が激減するといった例は、数限りない。

漁業船舶の増加、漁港整備など海洋インフラが充実していく反面、海洋環境が悪化したことは大いなる皮肉である。海洋インフラの充実は、海洋環境の破壊と表裏一体なのだ。戦前は、海洋環境と海洋インフラ、そして海洋制度資本の三本柱がバランスよく成り立っていたが、戦後になり、三つのバランスが大きく崩れたのである。

世界の漁業・養殖業生産量【2009年】(図8)

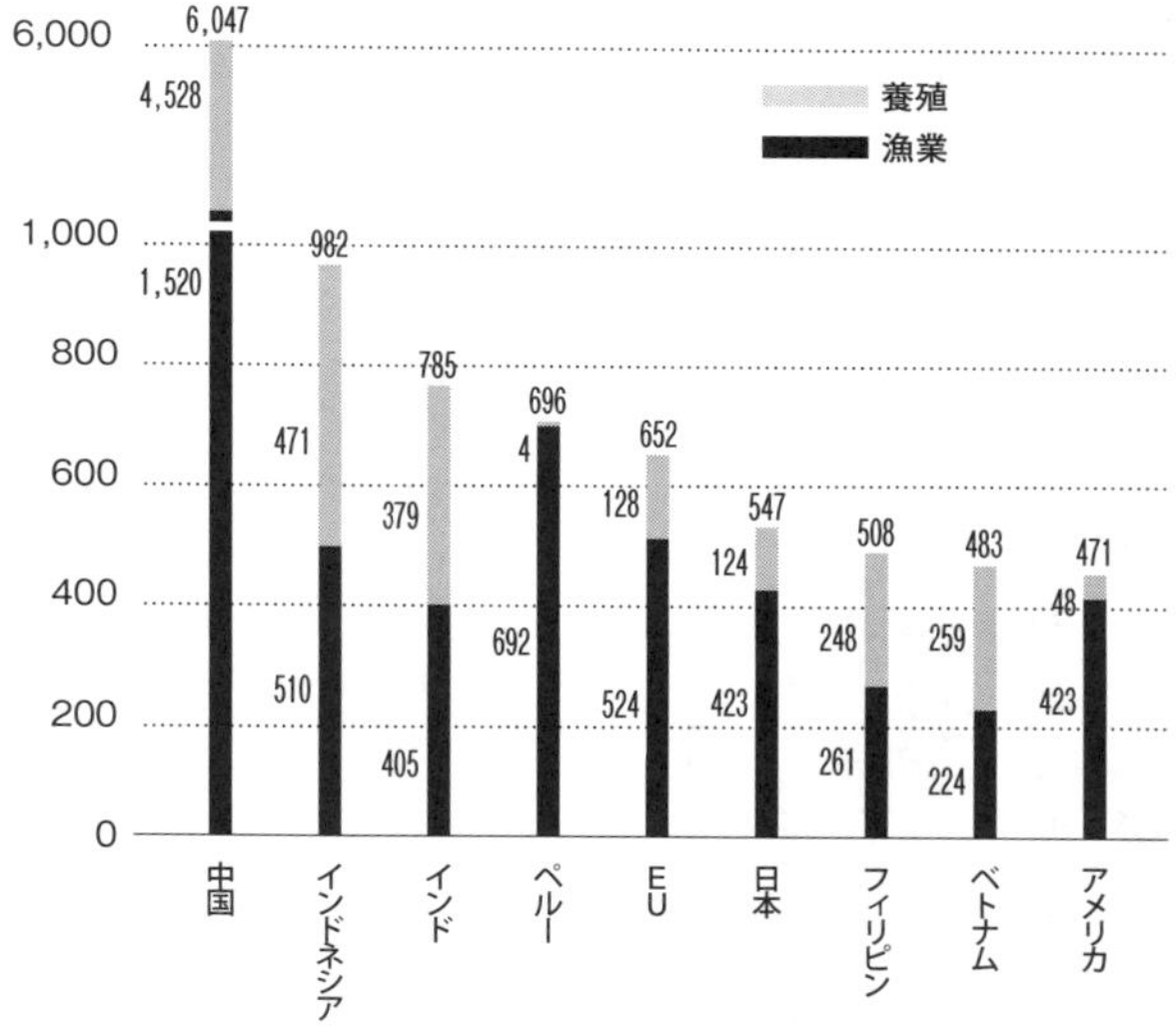

出典:水産庁「平成22年度水産白書」(単位:万トン)

全盛期の半分という水産業の現状

では、現在の水産業の状況はどうであろうか。二〇〇九(平成二十一)年の水産物の漁業・養殖業生産量は五四七万トンで世界第六位(図8)であるものの、その量はピーク時の半分にすぎない。さらに漁業者の数は、明治時代の推定三〇〇万人から二〇一二(平成二十四)年には約一七万人と大きく減少している。

しかも、世界的な水産需要の

流れに反し、日本での水産物消費量も価格も低下する一方だ。日本の消費者は、種類も大きさもバラエティーに富む国内産を避け、形や大きさが整って調理しやすい輸入物を購入する傾向にあるようだ。このままでは、TPP以前の問題として国内の水産業は成立しなくなるどころか、世界の海洋環境に大きな影響を与えかねない。

当然、水産物の消費量を回復するためには、マーケティングをしっかり行ない、消費者ニーズに応えた生産物を提供することが必要であろう。

とはいえ、それだけでは不十分である。水産物は単なる工業製品ではなく、豊かな海洋環境から恩恵をいただいているものであり、水産物消費は直接的に海洋環境へ影響を与えるからだ。食料資源を画一化に求めること（養殖サーモンなど）は、自然環境への負荷を大きくする。なぜなら、本来、水産物は種類も、量も、大きさも多様であるからだ。その多様性を活かすことこそが本来の水産学、水産業の目的であることを肝に銘じたい。

逆に、消費者は形や大きさの整った水産物を食べるだけでなく、多種多様な水産物を有効に活用し、工夫して食べることが必要であろう。また、国内産を食べることはフードマイレージの観点からも（二酸化炭素発生の抑制）、窒素循環の観点からも、海洋環境保全のためにも有効であることを、私たちはもっと知るべきである。

海流の恩恵で栄えた古代の日本

日本は、今日まで二〇〇〇年もの間、どこの国からも侵略されていない世界でも珍しい国である。その最大の理由は、日本周辺の荒々しい海にある。鎌倉時代における元寇《げんこう》の侵略行為に耐えることができたのも、荒々しい海というフィルターのおかげであり、荒々しい海を操《あやつ》るたくましい海の民が存在したことも大きな要因といえるだろう。

日本は海に囲まれているというより、海流に囲まれている国と表現した方が正しいかもしれない（図9）。日本海流は、メキシコ湾流と同様に、赤道反流による自転と偏西風と貿易風によりできる大きな流れである。流れのエネルギーは強大で、四ノット（時速約七・四キロ）に達し、川の流れのようなスピードで移動するエネルギーを持っている。この流れが不思議にもフィリピン沖を経由して日本列島に沿うように流れ込む。そして、日本海側に枝分かれして対馬《つしま》暖流として北海道の礼文島《れぶんとう》まで温かい海水を送り込むとともに、北からは栄養塩を含んだ親潮が南下し、日本海流とぶつかるのである。いわば、海のハイウェイが日本列島をはさんで存在しているようなものなのである。

この海のハイウェイを、日本人の先祖たちは巧《たく》みに活用してきた。海流が日本の経済を支えてきたといってもいいであろう。

その証拠に、縄文時代の遺跡のなかから丸木船が全国各地で見つかっており、海流や風を上手く利用して移動したことが推測できる。また、旧石器時代から縄文時代にかけては、黒曜石《こくようせき》が海を渡って運ばれており、隠岐《おき》の島で産出した黒曜石は韓国やウラジオストックに運ばれた時期もあったようだ。

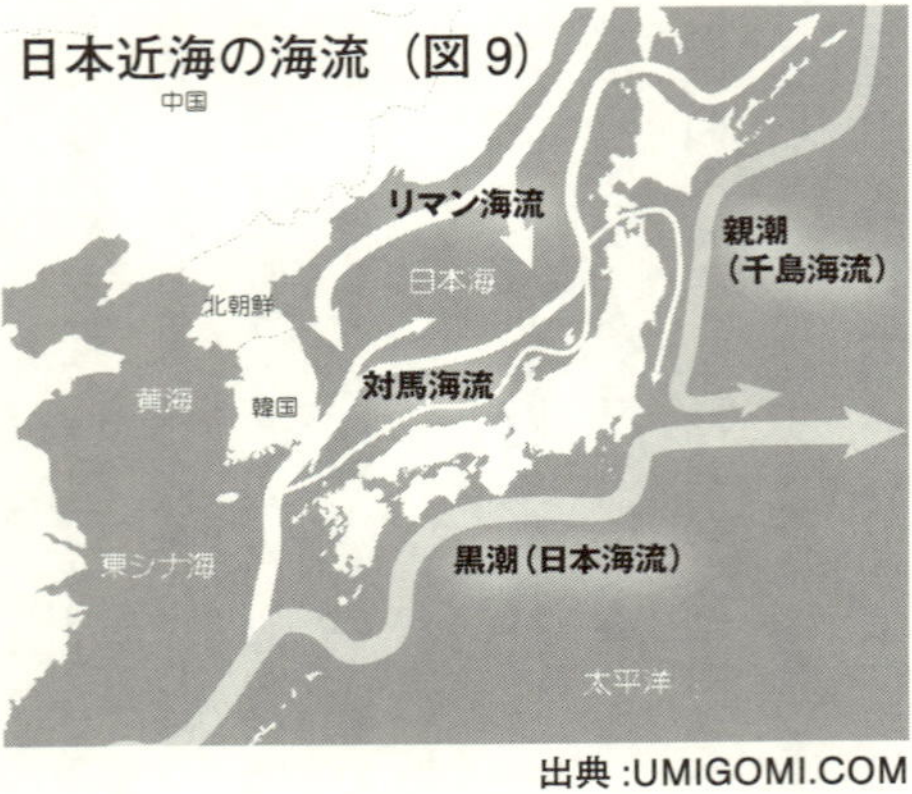

日本近海の海流（図9）

出典 :UMIGOMI.COM

他にも、青森県の三内丸山《さんないまるやま》遺跡では、テニスボールほどのヒスイ製の大珠《だいじゅ》が見つかっている。このヒスイは成分分析の結果、新潟県糸魚川《いといがわ》で産出したものであることがわかった。さらに、岩手県久慈《くじ》産のコハクも、三内丸山遺跡で見つかっている。

近世江戸時代になると、北前船《きたまえぶね》が発達し、北海道と上方を結ぶ交易が盛んとなった。能登半島は、北前船が立ち寄る重要な拠点である。輪島《わじま》港は、中継基地・風待ち港として栄え、輪島塗などの特産品も北前船で全国に運ばれた。陸から見れば不便であるが、海（北前船）から見れば絶好の位置であり、西回り航路の重要なポイントになっていた。

同じく、能登半島の付け根に当たる宮越《みやのこし》（現在の金沢市金石《かないわ》）は、当時隆盛した北前船航路の重要な中継港であった。銭屋五兵衛《ぜにやごへえ》は廻船問屋を営み、米の売買を中心に商いを拡げ、最盛期には千石積みの持ち船を二〇艘以上所有し、全所有船舶は二〇〇艘に上った。さらには全国に三四店舗の支店を構える豪商であった。

このように、海流を上手く利用して廻船問屋を営み、財をなしたという事実は、全国各地の港にみられる。日本の海流は、日本の経済を支える重要な輸送経路であり続けたのである。

フィルターとしての海の重要性

海は外交においても大いなる役割を果たしている。というのも、わが国は海を介してのみ他国とつながることができたわけで、いわば、海がフィルターの役割を果たしているのである。これは、わが国にとって重要な事実である。このフィルターがあるおかげで、他国との争いが起きないだけでなく、じっくりと文化を醸成させながら自分たちの必要な情報を、必要なときに海を渡って求めることができたからである。求めようという強い意志がなければ、命をかけて海を渡って情報を仕入れることができなかった。だからこそ、海外の文化を取り入れて日本語に訳し、自分たちの文化に合わせ咀嚼《そしやく》しながら知識を獲得できたのである。

フィルターのおかげで外国からのプレッシャーを普段感じない私たちは、内向き志向であり内省的であり常に己の徳を高める求道者である。しかし、その分、外国からの圧力に対し、無頓着《むとんちやく》になりがちのところもある。

もし日本が陸続きであったなら、日本は他国同様、幾度もの領土争いに巻き込まれたに違いない。世界でも類を見ない荒い海流があるおかげで、侵略者も日本には簡単に入ることができなかった。そのことは、大陸続きであるヨーロッパ、インド、韓国、中国を見ればわかるであろう。彼らはつねに外部からの侵略者により、危険にさらされている。イギリスでさえ、ケルト人入植の後、紀元前四三年に第四代ローマ皇帝クラウディウスの侵攻を受け、以来四〇〇年近く侵略され続けた。穏やかな地中海周辺においては、有史以来血みどろの戦いが何度も繰り返されている。

それに対し、大陸からみると日本は荒れた海を一〇〇キロ以上も渡らねばならない。日本は、海に熟達した人間でなければ辿り着くことができない国であり、簡単には侵略されない地形になっているのだ。

魚を食べなくなった日本人はタダの凡人

私は岩手県宮古市の出身なので、魚は毎日のように食べさせられていた。しかも、イワシやサンマなど一匹丸ごとである。時折魚の小骨がノドに刺さりながらも、子どもながらに箸《はし》を上手に使って、自分で身をほぐしながら食べていたものである。

ところが近年、魚の消費量は激減し、食卓にのぼるとしてもスーパーで事前に処理された〝切り身〟が大半である。

図10は一九六五〜二〇〇二年の約四〇年間で変わった先進国の食生活パターンであるが、これを見てもわかるとおり、最も変化したのは日本だけなのである。

食の欧米化が進んだのは戦後間もなくのこと、アメリカの戦略でもあった。

第二次世界大戦後、アメリカは国内の小麦の生産が大豊作となり、時の政府や穀物メジャーが過剰ストックに頭を悩ませるなかでひねり出した答えが、日本市場への輸出であった。そして日本人に米からパンへと主食を転換させる政策を、次々と打ち出していった。学校の給食で主食をパン食に変えたり、牛乳や肉のメニューを増やしたり、子どもたちの食の嗜好《しこう》を変えることからはじめたのである。

それから五〇年、そのときの子どもたちは大人になり、すっかり欧米の食習慣を当たり前のように受け入れてしまった。

もちろん、終戦後の日本人は栄養失調気味で、栄養豊富な欧米食は日本人の健康改

各国の食生活パターンの変化【2002/1965年】（図10）

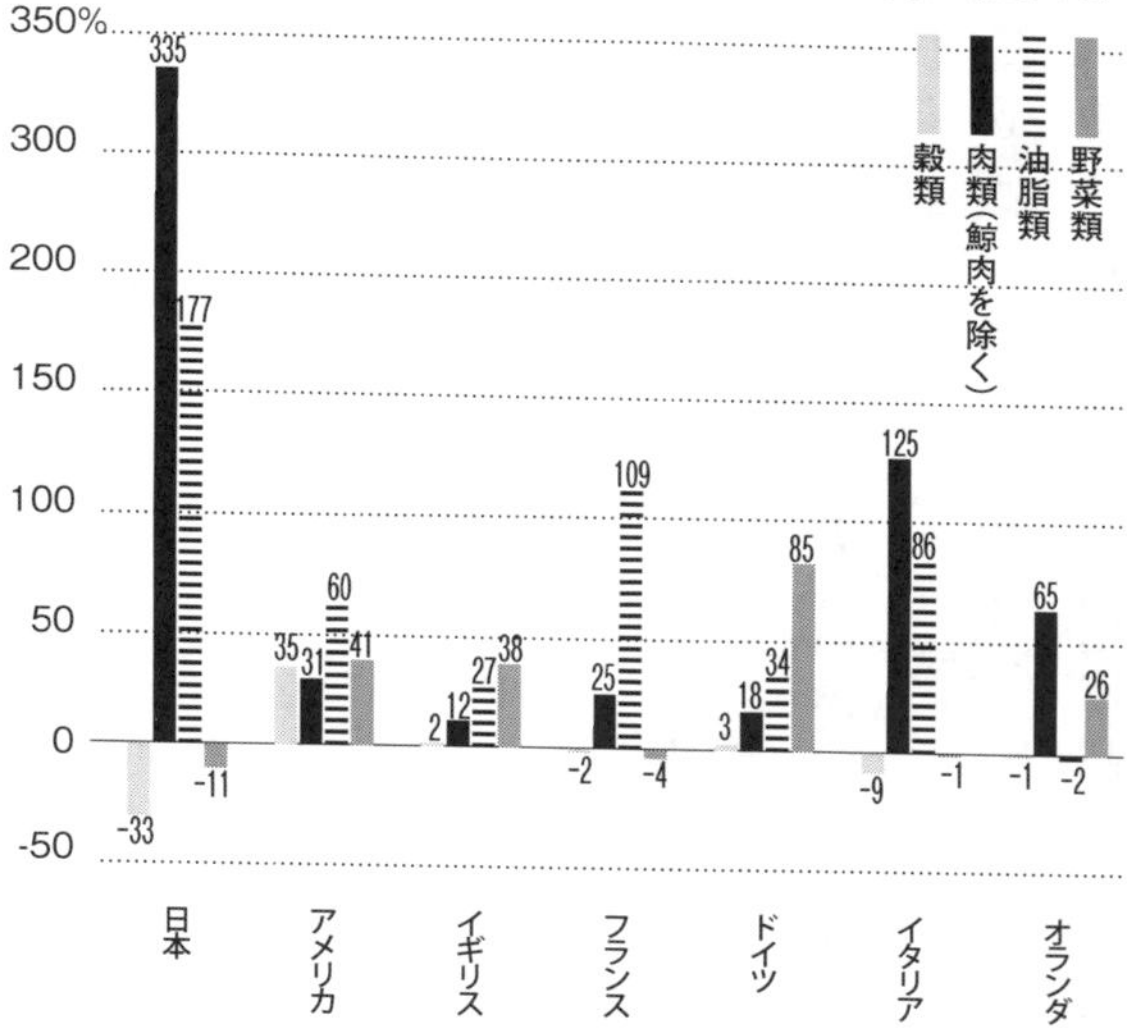

出典：農林水産省「食糧需給表」

善に大きく貢献はしたが、その一方で、食の欧米化により日本人の疾病《しっぺい》の質が変わっていった。近年では、がん、心臓病、脳卒中、糖尿病などの生活習慣病が増加し、大きな問題となっているのは周知のとおりである。なぜならば、野菜と魚を中心とした粗食を取り込んで何世代もの間に作り上げてきた日本人の体質には、脂肪分が多く、高カロリーな欧米食はややムリがある。

それは、菜食中心に進化してきたアジア人の腸の長さが肉食の欧米人に比べて長いといった特徴にも現われており、肉食化したことによって、大腸がんが増加しているというのは、なんとも皮肉なものである。

箸を使うほど、脳と手先が鍛えられる

食の欧米化は、日本人の健康にひずみを与えているばかりではなく、日本の食文化の衰退をも推し進めているのではないだろうか。

その代表的なものが箸使いの劣化現象である。食卓に出される魚は、サケやブリといった切り身が主流で、容易に箸で切り分けられる。つまり、自分の手の延長線上である箸という機能的な道具を存分に発揮する必要はないのである。世代の違いや一般家庭のしつけの問題もあるだろうが、日本人は以前より確実に箸使いがヘタになってきている。

脳科学者として知られる澤口俊之《さわぐちとしゆき》氏（武蔵野学院大学・大学院教授）によると、箸使いが上手な子どもほど、脳の発達が高く、とくに幼児期における箸の使用が大切だと

のこと。ハンバーガーを両手でつかんで食べたり、ステーキをフォークで刺して食べるより、魚を箸でほぐしながら食べることで、手の細かい動きを担う脳領域や前頭連合野が刺激され、発達するのである。箸文化であるアジアのなかでも肉より魚を主とした日本人は、箸で魚に切れ目を入れ、身をほぐし、骨を取り除いて食べるという行為を当たり前のようにやってきた。日本人の手先の細やかさが世界でも抜きん出ているのは、これら幼き日の行為が大きく影響しているからではないだろうか。

骨の多い魚を食べてきた生活環境のなかで、脳が鍛えられ、手先を器用にしてきた日本人の長所が、いつの日か消えてしまうことにならないようにしたいものである。

なぜ多摩川が、「タマゾン川」なのか

東京都と神奈川県を流れる多摩川が近年「タマゾン川」という別称で呼ばれていることをご存知だろうか。

アマゾン川に生息するピラニアをはじめ、エンゼルフィッシュやアロワナ、ガーパイクなどの熱帯魚をはじめ、二〇〇種類を超える外来魚が生息し越冬しているため、

まるでアマゾン川のようであるということで、このように呼ばれるようになった。

多くは観賞用として輸入されたものだが、巨大化したり増えすぎたりして飼いきれなくなり、飼い主が川に放流したものだ。以前なら冬季になると水温が低下し、亜熱帯系の魚たちは生息できなかったが、下水処理による温かい水が多摩川に流れ込み、一年を通して熱帯魚が生息できる環境に変貌していたのである。

これまで、どちらかといえば、海産資源の問題はその乱獲にあった。

たとえば、本マグロ（クロマグロ）。回転寿司の急増によって人気のネタであるマグロが世界中から日本に集まるようになったことや、海外でのヘルシー嗜好や寿司ブームにより、海外でのマグロ需要が急増したことで乱獲となり、とくに本マグロの漁獲量が地中海周辺の大西洋で激減した。

そこで「大西洋まぐろ類保存国際委員会」（ＩＣＣＡＴ）において、世界でも有数のクロマグロの漁場である大西洋東部での漁獲量を二割減らすことが決まり、現在も実施されている。ＩＣＣＡＴの二〇〇八（平成二十）年度の報告書によると、一九七〇年代前半にはおよそ三〇万トンあった資源量が三五年ほどで四分の一にまで激減したという。

ところが漁獲量の減少は乱獲だけではなく、地球温暖化による魚の生息地の変化が想像以上に深刻化しているのである。

水温の上昇は、なにも多摩川などの河川だけでなく、海水温も例外なく上昇している。工場やクルマからの排気ガスや二酸化炭素の増加だけが、海水温上昇の原因となっているわけではない。河川からの温かい水、さらに、原子力発電所、火力発電所からの排水も、その一つである。発電所では、タービンを冷やすために冷却水を汲み上げ、熱くなった海水をまた海に戻す。通常は、この熱くなった海水は薄められて、海水より七度高い水として排水される。この七度の違いというのは気温でいうとたいした差ではないが、水温でいうと大変な違いである。

人間の場合でも、四一度の湯船の温度を四八度に設定したらどうなるか。普通なら、熱すぎてすぐに湯船から飛び出してしまうだろう。水産生物の場合は、たった一度の変化にも非常に敏感である。そればかりか、海水温の上昇は魚介類そのものに多大な影響を与えるだけでなく、海流をも変化させてしまうのだ。

近年、日本でも水温の上昇によって潮の流れが変わり、通年その流れに乗って日本の近海にやってきた回遊魚が減少する現象が起きている。日本海側や太平洋側の河川に遡上《そじょう》するサケも最適水温を辿りながら回遊し、最終的に生まれた河川に戻ってくるが、海水温の上昇により、日本周辺の水温が下がらず、ふるさとの河川にサケが戻ってこないという現象も見られるようになった。そのため、海水温が低下するまで海にとどまり、産卵期を迎えても期待どおり河川に戻らない場合もあり得るのである。

ニシン漁はなぜ幻となったのか

それでも一般にはそれほど深刻な状況とは捉えられていないが、過去には次のような事例もある。

北海道のニシンである。明治から大正時代にかけて、余市《よいち》の前浜《まえはま》一帯では春先の二〜三カ月間、海はニシンの群れで銀色に輝いていた。一九一四（大正三）年頃には、その漁獲量は七五〇〇〇トンにも及び、ニシン漁によって小樽《おたる》経済の基礎が築かれたほどであった。小樽市には多くの商社や都市銀行が建ち並び、小樽の穀物相場がイギリスのロンドン市場にまで影響を与えたという。

ところが明治後半になると、ニシンの来遊《らいゆう》が南（秋田、青森）から途絶《とだ》えるようになり、一九五五（昭和三十）年には日本海側の春ニシン漁は終焉を迎えることとなった。その原因は三つあるとされ、一つは乱獲、二つ目が海水温の上昇、三つ目が森林伐採や海岸線部のコンクリート化により、森林から海に流れる栄養分が減少し、ニシンの産卵場所の海藻と、餌《え》となるプランクトンの減少にあると考えられている。これらの三つが複合的に重なり、ニシンの減少を引き起こしたとされている。

漁獲量の減少が乱獲のみであれば、数十年単位の漁獲制限や稚魚の放流などで徐々に個体数を増やすことはできるかもしれない。しかし、海水温の上昇などが重なっているのであれば、その海水温を低下させ、潮の流れを元に戻すなどということは画期的な打開策でもなければ、数百年経《た》っても実現しない。

それでも、私たちは海水温上昇という流れをできるだけ食い止めるため、今こそなんらかの対策を講じなければならない。水は空気に比較し、熱しにくく冷めにくい性質を持っている。急には温かくならないが、急に冷たくはならない。従って、今までは急激な熱上昇であっても、海洋がその熱を吸収してくれていたのだ。しかし、一度熱くなってしまうと冷やすのに相当の時間がかかり、その間に自然界はバランスを保つために様々な現象を起こす。水は使い方を十分気を付けないと、とんでもないことになる。海水温を上昇させないように努めないといけない。人間活動はどうしても熱を発生させる。二酸化炭素量も問題であるが、熱エネルギーを出さないようにすることも必要である。

たとえば、冬季になかなか低下しない中層域の海水を夜間電力などで上手に汲み上げて各家庭やビルに循環させ、暖房に使うエネルギーを抑える方法とか、夏季には逆に冷たい海水を汲み上げて家庭やビルに配水し、冷房から出る熱を抑える方法などが考えられる。そうしないと、ニシン漁が幻となったように、サケやウナギなども消え、朝食の定番サケの塩焼きや夏の土用のウナギが食べられない日が、現実としてくるかもしれない。

海洋国家日本が大量の魚介類を輸入する不思議

銀ザケの養殖ものの生産量は、宮城県が全国の約九割を占めている。

その歴史は比較的浅く、一九七五（昭和五十）年、宮城県志津川《しづがわ》町（現・南三陸町）漁業協同組合と日魯《にちろ》漁業株式会社（現・マルハニチロ）が先鞭《せんべん》を付けた。その三年後には志津川湾を中心に八〇トンの銀ザケが生産された。一時期、岩手、新潟、石川、福井、島根、三重、香川、北海道にもサケの養殖は広まったが、現在は宮城県内での生産がほとんどで、その生産量は一万トンにも上っている。

三・一一東日本大震災では、養殖施設、加工施設ともに大きな打撃を受けたが、驚異的な復興で、翌年には水揚げ量が九四〇〇トンと、ほぼ全盛期並みに戻った。だが、戻らない問題があった。価格が暴落したのである。震災で壊滅した宮城県産に代わり、チリやノルウェーからの脂がのった養殖サーモンがその穴を補うように輸入された結果、漁獲量が戻っても需要は元には戻らなかったのだ。金額ベースでは、震災前年と比較して三分の一程度にとどまっている。輸入品に囲まれるなか、日本のサケ養殖業は徐々に衰退せざるを得ない状況にきている。

日本産のサバが、世界で一番安価である理由

サケばかりではない。サバも同様である。日本からアフリカ諸国に輸出されるサバは、世界一安いといわれている。ノルウェー産のサバが一キロ四二〇円に対し、日本産は四〇円ほどにしかならないという。なぜこんなに価格差があるかといえば、ノルウェー産のサバはタイセイヨウサバであり、日本のマサバに近い種なので、脂が乗って美味しいのである。一方、日本産のサバは小型のゴマサバが大半で、こちらは脂が少なくパサパサした感じなので、当然値段も安くなる。

築地《つきぢ》市場においても、水産物取引価格は、一九九〇年代では一キログラム九九六円をピークとし、二〇〇九年にはおよそ二割も安い八〇二円にまで下落している。世界的には水産物の価格が上がっている状況で、なぜか日本だけ魚価が低迷しているのである。もちろん、デフレ経済による物価下落が続いたこともあるだろうが、日本の水産業に与える打撃は少なくない。

ある水産会社のバイヤーは、日本の水産業は、資源管理政策を十分にとってこなかったことが大きな問題だと指摘し、無秩序に漁獲した結果、親魚が減り、水揚げ量が

減ったため、さらに安価な小型の魚も獲るといった悪循環に陥っているという。

小型のサバが漁獲の対象となっている理由は、小型魚も伝統的に食べる習慣が残っているからである。日本は、魚食文化の歴史が世界的に最も古い国の代表である。ちりめんじゃこなどの小型魚も、大切に保存食として食べる習慣が各地方に残っている。私が小学生の頃、港町に住む叔父伯母は、小魚も保存食にして大事に食べていた。小型魚は大切な食料資源である。

このような習慣は、健康にも良く持続可能な食習慣であり、長い年月をかけて形作られたものである。柔道の金メダリストの山下泰裕《やましたやすひろ》氏（東海大学教授）も、幼いときからイワシを磨《す》り潰して食べていたという。小魚は健康的な強靭な体を作る。確かに、安価な小型魚を獲ることによる資源への影響は大きいが、健康食品としての価値は高い。

ところで、今どれだけの消費者が積極的に小魚を食べているだろうか。むしろ、脂が乗って味の濃い大型魚を選択するのではないか。ノルウェーはこのような現代人の食生活の変化を見抜き、戦略的に脂の乗った大型魚を漁獲して、世界中に水産物を輸出している。

事実、来日したノルウェーの漁業副大臣は、世界戦略物資としてサバをブランド化し、サーモンと同じように日本などをターゲットに高値で輸出する戦略を語っていた。十数年ほど前にはあまり見かけなかったノルウェー産サバが、今日ではどのスーパーでも日本のサバより高値で販売されているのだ。結果的に、国内産の脂の乗らない小型のサバが市場で売れ残り、最終的に世界で一番安いサバとしてアフリカ諸国に輸出されてしまうのである。

小魚は、ミネラル、カルシウム、タンパク源として日本人の食習慣として必要なものである。しかし、食習慣が変化してきている現在、いかにして戦略的に水産資源を管理し利用すべきなのか、という議論が生産者だけでなく、消費者にも必要なのかもしれない。なにもしなければ、いずれは日本の水産業そのものが衰退に繋がっていくのである。

第五の味覚で注目される日本の魚食文化

日本国内での水産資源の消費が減る一方、海外では健康志向から、また近年ではそのおいしさから水産物への関心が高まっている。その一つが「うま味」への関心であろう。日本人には当たり前の味として、日々の食卓で活用されているのが昆布や鰹節《かつおぶし》のダシから生まれる「うま味」成分である。酸味、甘味、苦味、塩味とは違い、第五の味としてその存在が近年、世界に知れ渡った。

うま味は、おもにアミノ酸であるグルタミン酸、アスパラギン酸、イノシン酸、グアニル酸などによって生じる味の名称で、日本を含む東アジア地域では、うま味が凝縮された魚醤《ぎょしょう》や魚介類の煮汁をダシとして活用し、料理にうま味を加えていた。

一方、欧米では、多くの料理においてトマトやチーズ、肉の煮汁などの味の強い食材で自然にうま味を加えていたため、どうやらうま味を加えるという認識はなく、独立した味覚であるという認識はなかったようだ。

ところが二〇〇二（平成十四）年、舌の表面にグルタミン酸を感知する受容体が見つかったことで、独立した味であることが明らかになった。

そもそもうま味成分が認識され、その成分が抽出されたのは日本であった。一九〇八(明治四十一)年、東京帝国大学教授だった池田菊苗《いけだきくなえ》により、昆布からうま味成分の一つ、グルタミン酸ナトリウムが世界ではじめて精製されたのである。また、あまり知られていないが、池田が精製したグルタミン酸をさらに高純度に精製し、商品としての価値を高めたのは、水産講習所教授の山本祥吉《やまもとしようきち》であった。

二〇〇五(平成十七)年、京都の老舗料亭「菊乃井《きくのい》」の三代目・村田吉弘《むらたよしひろ》氏によって、うま味を論理的に解説する勉強会が開かれた。世界から著名なシェフたちが自費で参加し、五年で五〇人近くになった。

その彼らが、各地でうま味運動を展開しているという。料理界のアカデミー賞といわれる「世界のベストレストラン五〇」で三年連続世界一に認定された「ｎｏｍａ」(コペンハーゲン)のうま味成分開発担当のベン・リード氏も、京都で修業した一人である。

彼の研究で興味深いのは、鰹節ならぬ「鹿節《しかぶし》」を精製したこと。鹿の足をいぶして熟成させ、薄く削ってスープにしたのだ。こうした北欧の食材を使ってうま味を加えた料理を出し、グルメたちから高い評価を得ている。

今、まさに世界でうま味が静かなブームとなっているが、国内に目を向けると、一般家庭におけるうま味の活用は、逆に減少しているのではないだろうか。

食の西洋化で、魚はバター焼き、ホイル蒸しなどの比較的調理が簡単なメニューが好まれ、ダシを使った煮付けやすまし汁といった和食の献立が徐々に減っているような気がする。

強いうま味は、食の満足を高める。近年では、塩分の摂取量が多い日本人に対し、料理に加える塩分を減らし、うま味でそれを補い、食べる人の満足感を引き出す病院食が話題となっている。長野県がここ数年で男女とも長寿県に躍り出たのは、この塩分摂取を控える施策を行なったことによるものである。

また最近の研究では、うま味の受容体は胃や腸にもあり、うま味成分が満足感を脳に伝えることが明らかになっている。うま味を有効に活用することによって、薬ではなく食品で肥満などの予防医療ができる可能性もあるという。

だからこそ、多くの日本人がいまだに塩分摂取過多の状況のなか、もう一度うま味を活用した和食を見直し、塩分や脂質を減らしたメニューを増やすことが望まれる。古くから、日本の食卓に並んだ魚食の復活を期待したいものである。

輸入海産物の増加が漁業衰退をもたらす

健康志向の高まりとともに欧米を中心に水産物への需要が高まっている反面、世界でも優良な漁場を有するわが国の環境は大きく変化しようとしている。従事者の高齢化や漁船の劣化、魚場環境の悪化、そして輸入海産物の増加など、日本の漁業環境は、どこかで見た光景が広がろうとしている。つまり、優良な耕作地がありながら、低収入や労働環境の劣悪さによって若者の就業者が減少し、高齢化を続ける農業と同じ道を辿っているのである。しかし、漁獲量や漁業就労者が減っているということは、世界の流れに反しているといえる。

世界の人口増加、地球温暖化による農産物の不作、バイオエタノールによる飼料価格の高騰によって畜産物の値段が上昇していくなかで、今後ますます水産物への需要が高まっていくと思われる。水産物はもはや世界的な流通のなかにあり、日本はグローバルな視野を持った、早急な対応が求められている。

国際的な水産物へのニーズがさらに高まれば、いずれ需給バランスは崩れるであろう。現在において、輸入水産物は私たちの生活にはすでに欠かせないものになっている。ノルウェー産サバ、チリ産養殖サーモン、養殖エビ、マグロ等々あらゆるものが輸入水産物である。また、冷凍技術が発達し、さばいたり、魚を焼かなくても手軽に食べられる水産加工品にも輸入品が使われている。しかし、こうした輸入水産物への依存が高まることは、国内漁業の衰退のみならず、長年かけて積み重ねた地域の魚食文化を破壊し、食文化の画一化を進行させる。

第二章でも述べたが、シャケといったら国内産サケ（シロザケ）が主流であったものが、チリ産銀ザケが出回り、国内出荷量の半数を占めるようになった。回転寿司のサーモンの握り、コンビニのマス寿司のお握りは、ほぼ一〇〇％外国産養殖サーモンである。

海外の養殖業者や漁業者は日本が得意先であり、日本への輸出によって多くの利益を上げているが、これからどうなるかわからない。なぜなら、健康志向の高まりから欧米でも魚の需要が増し、発展途上国でも魚を食べるようになっているからだ。こうした国際的な需要が高まっていけば、今までどおり海外に頼ることが不可能になるであろう。

中国は世界の養殖生産量の60%を占める最大の養殖生産国であるが、一方で大量の水産物も輸入する。近年はマグロなどの刺身を食べるようになり、セリでも日本が落札できない、いわゆる「買い負け」の状況が続いている。いずれにしろ世界的な水産物需要は高まっており、供給不足に陥ることが予想される。

海外の輸入に依存することは同時に、国内漁業の衰退につながりかねない。漁業者が減少傾向にある今日において、どれだけ持ちこたえることができるのだろうか。

ある外食産業に勤務する教え子に聞いた話であるが、新規オープンする際はあえて人気の地元レストランがある場所で開店し、徹底的に対抗商品を赤字覚悟で提供する。もちろん、食材に使用される水産物は安価な輸入物である。当然ながら、対抗しきれなくなった地元レストランはつぶれる。その後、元が取れる値段で提供するというのである。

確かに、市場原理主義がはびこる現代社会においては、伝統、文化、風土よりも儲《もう》かるか儲からないかが重要である。だが、ビジネスとはいえ安価な輸入水産物に頼っている状態が続けば、日本の水産物がいかにおいしくても、もはや水産業としては存在できない、ということになりかねない。

なぜなら、工業製品と異なり、労働の集約化によって商品価値を高めることができないのが水産物だからである。日本の地形は多種多様で、都道府県、地域ごとに養殖方法や水揚げ方法も異なる。さらに、技と伝統を受け継いだ漁業者だけでなく、流通業者、販売業者も地域密着だ。

ところが海外から大量に輸入される水産物の特徴は、大量生産が可能で管理が容易なこと。おまけに消費者の嗜好に合わせ味を調製し大量に輸入してくるので、大手量販店では大々的に売りやすいのである。

日本の水産物消費はここ四〇年前を一〇〇とすると、六〇にまで低下した。漁獲量の減少が大きいが、それ以上に海外の戦略的な輸入攻勢が大きな原因なのだ。輸入品に頼ることは、日本の漁業低迷を助長することにあると同時に、食料の安全保障にも危惧が生じることに他ならない。もう一度、日本の水産物の食料戦略を、国益として真剣に見直す必要性があるだろう。

やがて水産物争奪戦争の時代がやってくる

国連食糧農業機関（ＦＡＯ）が発表した「世界漁業・養殖白書二〇〇六」によると、前述したとおり、水産資源利用状況は頭打ちで、これ以上漁獲量を伸ばすことができない状態であることがわかった。事実、ここ数年の天然水産資源の漁獲量は年間約九〇〇〇万トンで推移しているものの、徐々に低下しつつある。

今後、養殖業が伸びるとはいわれているが、養殖に使用する餌自体が魚であるため、食糧として供給できる総量はそれほど変わらないと思われる（図11）。

その一方、水産物の消費量は年々増加し、二〇一五（平成二十七）年には一億八三〇〇万トン（一九九九年は一億三三〇〇万トン）に増加すると推測されている。天然漁獲量の九〇〇〇万トンを差し引いた九三〇〇万トンが養殖で補う計算になるが、養殖による供給量は八二〇〇万トンと推定され、一一〇〇万トンの魚が不足する計算にな

世界の漁獲量（図 11）

調査年	内水面	海面	合計
2000（平成 12）	880	8,680	9,560
2001（平成 13）	890	8,420	9,310
2002（平成 14）	880	8,450	9,330
2003（平成 15）	900	8,150	9,050
2004（平成 16）	920	8,580	9,500
2005（平成 17）	960	8,420	9,380

世界の養殖生産量

調査年	内水面	海面	合計
2000（平成 12）	2,120	1,430	3,550
2001（平成 13）	2,250	1,540	3,790
2002（平成 14）	2,390	1,650	4,040
2003（平成 15）	2,540	1,730	4,270
2004（平成 16）	2,720	1,830	4,550
2005（平成 17）	2,890	1,890	4,780

出典：国連食糧農業機関（単位：万トン）※海藻類を除く

水産物需給の将来予測（図12）

	1人1年当たり食用魚介類消費量	世界総需要量 A	世界総生産量 B	生産量－需要量 B－A
1999/2001年	16.1kg	13,300	12,900	▲400
2015年	19.1kg	18,300	17,200	▲1,100

出典：水産庁（単位：万トン）
※世界総需要量、世界総生産量は非食用魚介類を含む

る（図12）。

　今後さらに、世界的に水産物の需給ギャップが生じ、国際的に取り引きされているマグロ、サーモンなどの価格が上昇するであろうし、水産物を巡る争奪戦争が激しさを増すものと考えられる。

世界で〝買い負け〟する日本の商社

　欧米や中国、ロシアなどでの水産物の需要が伸びを示すなか、最近は日本の商社による〝買い負け〟が目立つようになってきた。たとえば、日本はこれまでマダラの総輸入量の約90％をアメリカから輸入しているが、そのアメリカのマダラ輸出先において日本のシェアが減り、中国やポルトガルがシェアを伸ばしている。なかでも中国は、輸入したマダラを加工し、ＥＵ

向けに再輸出しており、欧州各国のマダラ輸入シェアにおいて、その存在感を増している。

このようなマダラの需要の増大を背景に、マダラの冷凍輸入価格は、一九九九（平成十一）年の一キロ当たり三〇〇円から、二〇〇六（平成十八）年十一月には五三三円に高騰した。サケ類も同様に、欧米を中心に世界的に需要が高まっており、ノルウェー産サーモンにおける日本のシェアは低下し、輸入単価も二〇〇五（平成十七）年の一キロ当たり六九〇円から、二〇〇六年七月には九六〇円に上昇した。

国民一人当たりの魚介類消費量は、日本ではここ三〇年間ほぼ横ばいで推移するなか、アメリカでは一・四倍、EU一五カ国では一・三倍に増えている。

中国では、国民一人当たりの魚介類消費量は、この三〇年間（一九七三〜二〇〇三年）でなんと五倍も増えている。中国では海産物は高級食材に位置付けられており、経済発展にともない、沿海都市部を中心に需要が急増している。また、農村部でも伝統的に食しているコイ、ソウギョといった淡水魚の養殖、消費が伸びているのだ。

欧米における水産物の輸入額は、一九九五〜一九九七年が平均一二三億ドルに対し、二〇〇二〜二〇〇四年が平均一六二億ドルに増加している。ところが、わが国は一七四億ドルから一四三億ドルに減少しており、水産物貿易の流れが日本と欧米は正反対である。

その結果、世界の水産物貿易量（約二三〇〇万トン）に占めるわが国輸入量のシェアは、一九九五（平成七）年の約16％をピークに低下傾向となり、二〇〇三年以降は12％を下回った。

対日主要輸出国の輸出に占める日本のシェアも軒並み低下している。かつては日本向けが過半を占めていた輸出国でも、日本向けのシェアや、国によっては輸出金額、たとえばアメリカは一九九五年の一四億ドル（64％）から二〇〇五年には六億ドル（30％）まで低下し、ますます水産物の貿易競争が厳しくなっている。早急に手を打たないと、近い将来取り返しがつかないことになってしまうだろう。

第四章

期待がふくらむ海洋再生エネルギー

東日本大震災を機に、日本のエネルギー政策は大きな転換を強いられることとなった。脱原子力発電が加速し、再生可能エネルギーの掘り起こしと、その拡大が喫緊《きつきん》の課題となってきたのである。

とはいえ、石油や天然ガスへの過度の依存からの脱却を図るための様々な研究は、すでに国内の大学や研究機関などで進められてきた。太陽光、風力、地熱などは、もはや実用化され、太陽光パネル発電は、一般家庭にも普及している。

このような陸上におけるエネルギー発電とともに、近年、注目を浴びているのが海洋地域でのエネルギー創出である。太陽光や風力より安定的にエネルギーを生み出せる波力発電、陸上よりも安定して景観への影響も少ない洋上風力発電、海中で潮流《ちょうりゅう》を活かしてエネルギーを

電力単位早見表

1GW	1ギガワット
＝	＝
1,000MW	1,000メガワット
＝	＝
1,000,000kW	100万キロワット
＝	＝
1,000,000,000W	10億ワット

生み出す潮流発電などが、その代表だ。

ここでは、それら海域でのエネルギー創出をめざした研究の現状と成果を、いくつか紹介しよう。

海洋再生エネルギー研究の最前線　その一〈波力発電〉

波力発電とは、海の波の動きを活用して発電する方法で、簡単にいえば波の上下振動や海流の流れを利用したものである。

すでにEU（欧州連合）では、二〇一〇（平成二十二）年、二〇二〇（平成三十二）年の東京オリンピック開催年までに最終エネルギー消費量に占める再生可能エネルギーの割合をEU全体の20％とする方針を決め、国別に目標値を設定した。二〇二〇年までに、イギリスは波力発電と潮汐《ちょうせき》発電の合計で一～二ギガワット、アイルランドは海洋エネルギーを五〇〇メガワット導入する目標を設定し、具体的に動き出している。

わが日本についていえば、実は波力電力への取り組みは早く、一九六五（昭和四十）年には、すでに世界初の波力発電による標識ブイを実用化させていた。しかしながら、長期的なビジョンはなく、その後は波力発電の実用化に向けた積極的な展開は見られなかった。

現在においても日本は、国としての目標値はなく、あくまでも海洋エネルギー資源利用推進機構（OEA-J）のロードマップとして、二〇二〇年までに五一メガワット、二〇三〇（平成四十二）年までに五五四メガワット、二〇五〇（平成六十二）年までに七三五〇メガワットの発電規模を想定しているだけだ。

日本周辺に漂う膨大な波力エネルギー

四方を海に囲まれた日本は、他国に比べ、その波力エネルギーが高いことがわかっている。

一九七九（昭和五十四）年、前田久明《まえだひさあき》氏（東京大学名誉教授・日本大学総合科学研究所教授）、木下健《きのしたたけし》氏（東京大学名誉教授・日本大学理工学部海洋建築工学科特任教授）らは、

日本造船研究協会の統計を用い、沖合を含めた日本近海の波力エネルギーを推定している。その試算によると、沖合にいくほど波力エネルギー密度は高く、太平洋岸の福島、茨城、千葉沖における波力エネルギーが大きいことがわかった。

日本周辺の平均波力エネルギー密度を約一〇キロワットと仮定し、日本全周（約五〇〇〇キロ）で一〇〇パーセント吸収すると、原発五〇基にあたる約五〇ギガワットのエネルギーが得られると算出している。

また、高橋重雄《たかはししげお》氏（独立行政法人港湾空港技術研究所理事長）らは、一九八九（平成元）年、全国主要港に配置された波浪観測網のデータをもとに、日本周辺における波力エネルギーを調査したところ、日本沿岸の平均波力エネルギー密度は七キロワットであるとし、日本の総海岸線を五二〇〇キロとした場合、日本沿岸に打ち寄せる波力エネルギーは三六ギガワットになると推定した。

さらに、三井造船株式会社事業開発本部副本部長の黒崎明《くろさきあきら》氏は、沖合の波エネルギー密度を一五～二〇キロワット、沖合線長一万キロ、風による復元効果を二倍にした場合、日本の波力エネルギー賦存《ふぞん》量（理論的に導き出された総量）は、およそ三〇〇

〜四〇〇ギガワットになると試算している。このように様々な試算からもわかるように、波力にはとてつもないエネルギーが秘められているのだ。

年間平均の波パワーから試算すると、太平洋側に設置し、陸地から比較的近い北方領土沖、伊豆諸島・房総及び銚子沖、奄美《あまみ》大島・沖縄群島周辺が、有望な候補海域としてあげられている。

波力発電は現実的なエネルギーか

波力発電が実用化されるためには、そのコストが大きな課題となっている。

そこで、波力発電にかかるコストを推測すると、一〇メガワットの波力発電の発電コストは、一時間当たり一七・三一〜三三・一円となっている（ただし、設置条件等、試算根拠はそれぞれ開発を担当した機関により異なる）。設置場所として比較的に波浪条件の良い地点を選定しているため、現実的なレベルで試算した場合、その約二〜三倍程度の値となる可能性もあるという。また、波力発電にはスケールメリットがあり、規模が大きくなれば、その値は割安となる。

とはいえ、光明も見えてきている。技術力の革新である。神戸大学の名誉教授、神《かん》吉《き》博《ひろし》氏が開発したジャイロ式波力発電装置がいま注目を浴びているのである。ジャイロ式波力発電装置とは、ジャイロモーメント（回転する円板が波により傾き元に戻ろうとする力）で直接発電機を駆動するという特長を持つ。

従来のエネルギー変換方式とは原理が異なり、エネルギー変換回数が少ないため、高効率化が可能で、発電効率を約二倍に引き上げることがわかった。さらに、広範囲な大きさの波（波高〇・五～四メートル）でも高効率発電が可能であることや、コン

ジャイロ式波力発電装置

写真提供：神戸大学

パクトで軽量、寿命も長いため（浮体一五年、本体三〇年目標）、建設やメンテナンスのコストが従来のものより非常に安く、現実性が高いのである。

すでに二〇〇三年度よりプロトタイプ機の開発・実験が行なわれており、二〇一〇年には四五キロワット機（四号機）の海上実験が行なわれ、二〇一四（平成二十六）年から、神吉氏が副社長を務める株式会社ジャイロダイナミクス社と日立造船株式会社は、伊豆半島沖で本格的な実証実験を開始し、その成果が期待されている。

波力発電の可能性

他にも、波力発電の有望なアイデアが大学、企業から続々と出され実験が行なわれている。関西電力は、福井県嶺南《れいなん》地域で、大阪市立大学と共同でスリット式防波堤を利用した波力発電の実験を開始したと発表した。この調査は、福井県が進める「エネルギー研究開発拠点化計画」の一環として進められている。

「スリット式防波堤を利用した波力発電」は、スリット式防波堤の内部に水車が設置されており、波がスリットを通過するときのエネルギーを利用し、水車を駆動し発電する方式である。調査場所は、敦賀港鞠山《まるやま》北防波堤で、スリットを通過する波の流速、防波堤前面の波高、波浪データの計測を行なう。波浪データの計測は二〇一四年八月まで実施し、理論検証の後、水車の設計などを行なう予定のようだ。

東海大学海洋学部田中博通《たなかひろみち》教授と民間企業で作る研究グループは、波のエネルギーを利用した「越波式波力発電」の実証研究を二〇一二（平成二十四）年から開始し、二〇一六（平成二十八）年三月まで静岡県内の二カ所の海域を対象に研究する。

越波式波力発電は、波が落ちる勢いを利用してプロペラを回して発電する。装置の構造が簡単という特徴もある。研究には東海大のほか、協立電機株式会社、いであ株式会社、市川土木株式会社の三社が参加している。実証海域は、波が高い御前崎《おまえざき》港と相良《さがら》港周辺と定め、波のデータや環境要因を収集・整理するとともに、漁業協調についても検討している。

この取り組みで注目すべきことは、自治体の支援体制である。静岡県は再生可能エネルギー導入による「スマートポート駿河湾」をめざす方針を掲げ《かか》、御前崎港のなかの二カ所を「再生可能エネルギーゾーン」とし、洋上風力や波力による発電設備を導入する構想を打ち出した。御前崎市には中部電力の「御前崎風力発電所」が合計一一基の大型風車を設置しているが、再稼働の是非が問われている「浜岡《はまおか》原子力発電所」があるため、送配電ネットワーク容量は十分にあり、新たに洋上風力や波力による電力が加わっても問題なく対応できると考えられていて、早期の導入が期待できる。

また、佐賀県でも、海面の揺れをエネルギーに変える波力発電の可能性を探るため、二〇一三（平成二十五）年度から海洋エネルギーポテンシャル（潜在力）調査に対し、二三〇〇万円を計上した。とりあえず、玄界灘《げんかいなだ》の波の大きさや海流速度などを調べ、波力発電の適地かどうかを検討する意向だ。

海洋再生エネルギー研究の最前線　その二〈洋上風力発電〉

風力発電は、太陽光発電に比べて発電コストが低く大規模化もしやすい。世界では二三八ギガワットに達しているが、このうち洋上風力発電は四ギガワットで、全体のわずか１・７％である。日本の場合は気象条件や環境、生物への影響といった課題があり、導入可能な地域が限られる。しかし陸上に比べ、洋上は風が安定し、騒音や景観などへの影響を気にする必要が少なく、大きなエネルギーが賦存《ふぞん》しているというメリットがある。現在、経済産業省、環境省、国土交通省が中心となって新たな試みをはじめた。

洋上の風力発電のうち、着床《ちゃくしょう》式についてはすでに実用化されており、日本でも茨城県鹿島《かしま》港沖、福岡県北九州沖、千葉県銚子沖では二メガワット級の風力発電システムの計画がスタートしている。

しかし、既設の日本の洋上風力発電の設備容量は二五メガワットと、イギリスの二〇九〇メガワット、デンマークの八七五メガワット、中国の二五八メガワットと比べると、はるかに少ない。

国内における各省庁の取り組み

二〇一二年六月、環境省は、長崎県五島市椛島《かばしま》沖の海域（離岸距離一キロ、水深一〇〇メートル）に一〇〇キロワットの浮体式の小規模試験機を設置した。これは、二〇一三年に二メガワットの実証機を設置するためのデータの取得（地域との協調の在り方、大型機建造、制御等）を目的とするものである。この浮体式洋上風力発電実証機のまわりには、カンパチ、メジナといった魚が集まっていることが環境省の調査で明らかとなり、地元の漁業関係者からは歓迎の声が寄せられているという。

経済産業省は、大規模浮体式洋上ウィンドファーム事業を展開するための安全性、信頼性、経済性を検証するプロジェクトを民間コンソーシアムに委託した。二〇一一（平成二十三）年度から二〇一五（平成二十七）年度にかけて、福島県沖の海域（離岸距離二〇～四〇キロ、水深一〇〇～一五〇メートル）に浮体式風力発電機三基（二メガワット一基、七メガワット二基）を建設する計画で、すでに二〇一三年夏に一基が完成し、東京湾から福島に曳航《えいこう》された。「漁業と浮体式洋上ウィンドファーム事業の共存」もテーマとしており、漁業関係者との対話・協議を通じ、将来の事業化を模索するとしている。

国土交通省は、二〇一二年四月に「浮体式洋上風力発電施設技術基準」を制定した。これは浮体式洋上風力発電施設の設計に必要な技術面での要件を明確にし、安全を確保し、国際標準化を先導することで、浮体式洋上風力発電の国際的な普及拡大を促進することを目的としている。

同七月には環境省と連名で建築基準法の適用除外とする規制緩和もしており、洋上風力発電導入を促進する動きが加速化している。

前述のように着床式の実績は、海外の方が上だ。浮体式でも、ノルウェーは二・三メガワットの浮体式洋上風力発電を稼働させている。韓国は浮体式に関する国際標準化の提案をＩＥＣ（国際電気標準会議）に提出し、その検討を行なうワーキンググループの議長国になっており、日本より一歩リードしている部分もある。

とはいえ、日本の技術力、開発能力は素晴らしいものがあり、世界ではじめて、浮体の変電設備を持ち、複数の風車を建て、ウィンドファームとして運用することに成功した。発電の試験は二〇一三年秋から開始された。

洋上風力発電は、エネルギー大消費地に近い場所にもポテンシャルがあり、漁業や他の海洋エネルギーと協調することで、雇用増加・地域活性化・コスト低減等の可能性も生まれる。

海洋再生エネルギー研究の最前線　その三　〈潮汐《ちょうせき》発電〉

潮汐《ちょうせき》発電は、潮位差が大きい湾や河口にダムを建設し、水位差を利用した発電方法で、基本原理は、満潮時に貯水し、干潮時に水門を開き水を放出することでタービンを回して発電を行なうというものだ。

主に干潮の一方向の流れにのみ発電を行なう方式と、双方向の流れに対しタービンが回転し、交互に発電する二方向方式の二種類がある。潮汐は周期的な現象であり、時刻の予測もでき、発電計画が立てやすいが、大潮と小潮のときでは潮位差が異なり、発電出力が変動するというデメリットもある。

世界で最初に設置されたのは、フランスのブルターニュ地方にあるランス川河口のランス潮汐発電所である。一九六六（昭和四十一）年に商業発電を開始した。最大定格出力は二四〇メガワットで、二四基のタービンを持つ。年間平均定格出力六二メガワットで五四〇ギガワットを発電する。世界最大の潮汐発電所は二〇一一年に完成しである。

た韓国の始華湖《シファホ》潮汐発電所である。最大定格出力も世界最大であり二五四メガワットである。

しかしながら、両者ともダムの設置により生態系に少なからず悪影響を与えている。ランス潮汐発電所では魚類の生息に影響を与え、スズキ、ナマズは回復したもののウナギやカレイは消失したという。始華湖潮汐発電所でも、始華湖の水質に影響を与えているようだ。

海洋再生エネルギー研究の最前線　その四　〈潮流《ちょうりゅう》発電〉

潮流《ちょうりゅう》発電は海中に設置するもので、現時点で多くのタイプが提案されている発展段階の技術といえよう。水平軸、鉛直《えんちょく》軸、振動型などのタイプがあり、水車の形式は、揚力型、抗力型、混合型がある。有力なものは現在、実海域での実証実験中で、長期安定性、発電効率、メンテナンスのしやすさなどが試験されている。

欧米における潮流発電

潮流発電で一歩先を行くのがヨーロッパ勢である。

たとえばノルウェーのハマーフェスト・ストーム（Hammerfest Storm）社は、二〇〇三（平成十五）年から二〇〇九（平成二十一）年までにノルウェーの最北端ハンメルフェスト近くのクバルサンド海峡において、出力三〇〇キロワットの海底設置型三翼プロペラ式「HS三〇〇」の実証海域実験を行なった。

プロペラの直径は二〇メートルで、潮流により向きを変える可変プロペラピッチとなっている。最大秒速二・五メートルの潮流で平均出力八〇キロワット、二〇〇三年九月に世界ではじめて電力網に接続された。

その後継機である「HS一〇〇〇」（直径三〇メートル、出力一メガワット）は、二〇一一年十二月、スコットランド・オークニー諸島にある「EMEC」（欧州海洋エネルギーセンター）に設置し、海域での試験を行なっている。

なお二〇一二年四月にアンドリッツ・ハイドロ（Andritz Hydro・オーストリア）社は、イベルドローラ（Iberdrola・スペイン）社、ハマーフェスト・エナジー

(Hammerfest Energi・ノルウェー）社とともにハマーフェスト・ストーム社の株主となり、アンドリッツ・ハイドロ・ハマーフェスト（Andritz Hydro Hammerfest）社を設立。二〇一二年末にスコティッシュ・パワー・リニューアブルズ（Scottish Power Renewables・スコットランド）社が欧州委員会から受注したアイラ海峡の一〇メガワットの潮流発電プロジェクトに採用され、二〇一三～二〇一五年にかけてアイラ海峡に一〇基の「HS一〇〇〇」を設置して、世界初となる「潮流発電ファーム」構築をめざしている。現在、予算計上され、波力、海底調査は終了。実行モデルが検討され、環境影響評価も進行中だ。

イギリスのマリン・カレント・タービンズ（Marine Current Turbines）社は、九〇年代より海中に支柱を立てて、稼動中は水中、メンテナンス時は空中という昇降機能を持ったプロペラ式潮流発電装置の開発を進めてきた。

一九九九（平成十一）年から二〇〇六（平成十八）年までシーフロー・プロジェクト（Seaflow Project）を実施し、二〇〇三年五月にはイギリスのプリマス海峡において二翼のプロペラ式（直径一一メートル）発電機を設置し、最大三〇〇キロワットの実証実験に成功。このプロジェクトは、シーゲン・プロジェクト(SeaGen Project)に引き継がれ、ツインローター二機を持つプロペラ式水車「シーゲン」(直径一八メートル)により二〇〇八(平成二十)年五月、四倍の出力となる一・二メガワットの商業発電に成功した。

二〇一〇年には新会社であるシージェネレーション(カイルレア)(Sea Generation〈Kyle Rhea〉)社に引き継がれ、スカイ島とスコットランド西岸の間にあるカイルレア地域において「シーゲン」を用いた新たな実証試験がスタートした。

二〇〇九年十一月にカナダのノバ・スコシア・パワー(Nova Scotia Power)社とオープン・ハイドロ(Open Hydro)社は、一メガワットの実用機をファンディー湾において実証実験を行なっていて、実用化も近いとされている。

韓国の潮流発電

韓国は、潮流発電を国策として推進している。

韓国南西部はリアス海岸で、黄海《こうかい》の大きな干満差による潮流発電に適した海峡が存在する。「韓国海洋開発研究所」（KORDI）は、二〇〇一（平成十三）年から韓国南西部の珍島《チンド》と本土の間にあるウルドルモク海峡で潮流発電の研究を行なってきた。「ウルドルモク」とは、「海が鳴く街角」という意味で、潮流が速く獣が鳴くような轟《ごう》音《おん》が聞こえるためにこのような名前がついているという。ここの海峡は最大秒速が六・五メートルで、潮流発電には最適の地である。

KORDIは、二〇〇八年五月に、同海峡の水面下に直径四メートルのヘリカル水車、水面上に発電機を置く装置で実験を行なった。発電機は、五〇〇キロワットの定格出力である。二〇〇九年六月から発電実験を行なっていたが、二〇一一年十二月をもって実験を終了した。現在、この装置を同海峡の四つの横断線上に複数機設置して、商業発電を計画中である。

国産潮流発電プロジェクト

日本では、一九八三（昭和五十八）年から一九八八（昭和六十三）年まで三期にわたって、日本大学・木方靖二《きほうせいじ》教授のグループが、愛媛県来島《くるしま》海峡において潮流発電実験を行ない、世界ではじめて潮流発電に成功した。

一九八七（昭和六十二）年から設置された海底設置型発電装置は、軽量化されたカーボンFRP製のダリウス形水車三翼と三相同期発電機（AC二〇〇ボルト、五キロワット）から構成されている。発電効率は最大で〇・五五という非常に高い結果を得た。この成功事例により、わが国のプロジェクトでは、このダリウス形水車が原型となっている。

潮流発電装置

写真提供：北九州市

北九州市と九州工業大学が北九州工業高等専門学校とともにニッカウヰスキー株式会社の協力を得て関門海峡で実施した潮流発電装置は、直径一メートルのダリウス水車二段と、それと逆回転する一対のダリウス水車を用いた着床式で、一台の相反転式発電機を回すものである。二〇一二年三月から実験を行ない、現在は実証を終了している。

川崎重工株式会社は二〇一一年十月、直径一八メートルの三翼プロペラ型、定格出力一メガワットの潮流発電装置を発表した。二〇一一年度NEDO公募（独立行政法人新エネルギー・産業技術総合開発機構の海洋エネルギー発電システム実証研究事業）に採択され、沖縄電力株式会社などと、沖縄海域で潮流発電の実証研究を行なってきた。二〇一五年からEMEC（欧州海洋エネルギーセンター）での実証試験を開始する予定である。ベンチャー企業が多いなか、多国籍企業がEMECで実験するとあって、世界的に注目を集めている。

エネルギーポテンシャルと経済性

潮流発電の実証試験が進められているが、やはり、問題となるのは、エネルギーポテンシャルとそのコストである。

そもそも潮流は、海峡・水道・瀬戸といった二つの海面を結ぶ狭い水路で強くなる。日本の潮流が強い箇所のほとんどは、瀬戸内海と九州西岸に存在している。また津軽海峡でも強い潮流が見られるようだ。NEDOによるポテンシャル調査では、実際の機器の設置や、導入に適した流速が秒速一メートル以上を得られる地域などを考慮すると、現実的な導入量は原発一九基分に相当する約一九ギガワット、発電可能量は六テラワット（年間電力需要の約0・7％）と試算されており、実用化レベルには達しているといえよう。

システム価格については、実証プロジェクトの段階では一キロワット当たり四六～五六万円程度だが、商用プロジェクトの段階では、四二～四三万円程度までコストダウンが進むと見られている。

発電コストについては、実証プロジェクトの段階では一時間当たり二三～三二円と、現状でも太陽光発電と同水準にあるとされ、二〇二〇年には二三～二六円まで削減されると試算されている。

エネルギーポテンシャルとそのコストの試算から勘案すると、潮流発電は有望なエネルギー源として期待されてもいいのではないだろうか。

海洋再生エネルギー研究の最前線　その五　〈海流発電〉

海流の膨大なエネルギーを利用して発電するのが、海流発電である。

海流は、主に海面上を吹く風と地球の自転によって発生する流れであり、大洋の西側で流れが強化される。北太平洋では黒潮、北大西洋ではメキシコ湾流など大洋の西側で強い定常的な流れが発生する。

日本海流（黒潮）の流速は速いところでは四ノット（時速約七・四キロ）になり、流れの幅は一〇〇キロ以上にも及び、輸送する水の量は毎秒二〇〇〇万〜五〇〇〇万トンにも達する。まさに、日本海流は、海流発電に適したポテンシャルを秘めているといってよい。

九州大学大学院総合理工学研究院の経塚雄策《きょうづかゆうさく》教授は、黒潮の平均流速を秒速〇・五メートル、流路幅を二五〇キロ、水深一〇〇〇メートルとして黒潮のパワーを計算した。その結果、約一六ギガワットであることがわかり、黒潮による発電ポテンシャルが大きい紀伊半島沖では、離岸距離三〇キロ以内で、沖合固定発電による発電ポテンシャルは年間九テラワット、沖合係留で離岸距離一〇〇キロまでの場合には、年間四五テラワットとなることがわかった。日本の総電力量は年間約一〇〇〇テラワットであるので、単純計算では、黒潮による発電によってその約1%から4・5%の電力がまかなえることになる。

黒潮は、日本近海を流れる定常流で、安定した発電を行なう上でメリットがあり、エネルギーポテンシャルとして十分あり得る。

NEDOによるプロジェクト

すでに、黒潮を活用した発電プロジェクトが進められている。二〇一一年度のNEDOプロジェクトで株式会社IHI、株式会社東芝、東京大学、三井物産株式会社などのグループによる、海洋中層における浮遊式黒潮発電装置が採択された。

この装置は、発電装置を海底から係留し、海中に浮遊させることで、波浪の影響を受けずに安定した水深での運用が可能となり、船舶の航行にも支障を及ぼさない。対向回転する双発式の水中タービンによって、タービンの回転に伴う回転トルクを相殺し、海中で安定した姿勢を保持しつつ効率的に発電が可能であるという特徴を持っている。

また、沖縄科学技術大学院大学シーホース・プロジェクトでは、二〇一二年にタービン直径約二メートルの模型を用いた実海域実験が行なわれた。同大学院新竹積《しんたけつもる》教授によると、最終的には、水深一〇〇メートルに三〇〇基の巨大プロペラを設置する計画のようだ。これらのプロペラによって

水中浮遊式海流発電

写真提供：株式会社 IHI

合計一ギガワットのエネルギーを生成することができ、これは原子炉一基分の出力に相当する。

実用化に向けた課題……実証フィールドの整備

現状において、わが国の潮流、海流発電の研究開発は、欧米、韓国から大幅に差を付けられているといわざるを得ない。しかし、二〇一三年四月に発表された「海洋基本計画」では、主要な取り組みとして「海洋再生可能エネルギーの利用促進」が明記され、国策として推進することが決定した。今後は、海流・潮流発電についても、その研究・開発に拍車がかかるであろう。

ただし、実用化に向けた様々な実験が不可欠で、そのためには「実証フィールドの整備」が必要である。今のところ、わが国ではスコットランドのEMECのような実験フィールドが設定されていない。日本の海は漁業など多面的に利用されており、ステークホルダーの合意が必要となる。二〇一四年度中に、内閣府の総合海洋政策本部において決定される予定である。

さらに、わが国固有の海洋環境に適する発電システムの利用促進と環境影響評価に関する法律の確立が、将来の永続的な運用には不可欠だ。たとえば、生物も含めた海洋環境からの発電装置への汚損に関し、コスト評価や環境影響評価が重要となろう。

海洋再生エネルギー研究の最前線　その六〈海洋温度差発電〉

海洋温度差発電は、表層の温かい海水（表層水）と深海の冷たい海水（深層水）との温度差を利用する発電技術である。

海洋の表層一〇〇メートル程度までの海水は、低緯度地方ではほぼ年間を通じて二六度から三〇度程度である。この表層水によってアンモニアなどの低沸点媒体を気化させ、その蒸気でタービンを回転させて発電させる。気化した低沸点媒体は一度から七度程度の深層水を用いた熱交換ユニットで液体に戻し、繰り返し発電に利用するというものだ。主な発電方式として、オープンサイクル、クローズドサイクル、ハイブリッドサイクルの三種類があり、現在はクローズドサイクルが主流となっている。

クローズドサイクルでは、封入された沸点の低い作動流体（アンモニア等）が、ポンプによって蒸発器に送られる。そこで表層水の熱によって蒸気となり、これがタービンに送られて発電した後、凝縮器において汲み上げられた深層水により冷却され、液体に戻るというサイクルを繰り返す仕組みとなっている。

実証試験プラントについては、日米欧、及びアジアにおいて建設され、二〇一一年まで稼働しているのは佐賀大学の伊万里《いまり》実験プラントのみであったが、二〇一二年度から沖縄県久米島《くめじま》町においていよいよ実証事業が動き出した。

先行する日本の技術力

この分野において日本は、その技術力で世界に先行している。わが国の海洋温度差発電技術の優位性は、海洋温度差に特化した熱交換器、世界最高レベルの効率である発電サイクル（ウエハラサイクル）、システム制御技術、及びそれらを組み合わせた高度なプラントシステムの設計技術にあるとされる。また、日本は海洋深層水の汲み上げ実績も世界を大きくリードし、取水技術の信頼性も高いとされている。

一九九〇年代の実証試験を境に、しばらく研究開発が行なわれていなかった海外においても、近年、各国で研究開発を再開する動きが見られる。

二〇〇九年よりアメリカの海軍施設本部（U.S. Naval Facilities Engineering Command）は、ロッキード・マーティン（Lockheed Martin）社に一億二五〇〇万ドルを支援し、同社はハワイ州立自然エネルギー研究所（NELHA）において、マカイ（Makai）社と協同で実証試験を実施している。フランス、台湾、韓国など数多くの国々においても、数メガワット級の開発プロジェクトが計画されている。

沖縄での実証実験開始

二〇一三年、海洋温度差発電の実証試験が沖縄県久米島町ではじまった。同県が進める「二〇一二年度海洋深層水の利用高度化に向けた発電利用実証事業」をIHIプラント建設株式会社と株式会社ゼネシス、横河電機株式会社の三社が受注したのである。

久米島町では、二〇〇〇（平成十二）年に「沖縄県海洋深層水研究所」を開設し、取水を開始して以来、海洋深層水の低水温・清浄性・富栄養性などの特徴を活かして、島の産業の振興や育成に取り組んできた。水産分野ではクルマエビや海ぶどうなどの生産をはじめ、農業では、夏場に困難なホウレンソウなどの葉物野菜の栽培に海洋深層水を利用し、成果を上げている。

今回、水産農業分野に加え、再生可能エネルギーとしての海洋温度差発電の技術導入を決定し、海洋深層水複合利用モデルの構築をめざすこととなった。海洋温度差発電の世界唯一の実用実証プラントが、沖縄本島の西約一〇〇キロの久米島で動きはじめたのである。

海洋温度差発電装置

写真提供：沖縄県商工労働部

発電プラントは島の東海岸にある沖縄県海洋深層水研究所に設置され、出力五〇キロワットで実験を開始し、島全体の電力系統にもつなげようとしている。

久米島の場合、沖縄県海洋深層水研究所が、六〇〇メートル強の深さの海底から約二キロを超える長さの取水パイプを用いて約八・五度の深層水を取水すると同時に、夏季二九度、冬季二二度の表層水を用いて蒸発させる。近海に深い海域があり、一日当たり一万三〇〇〇トンを汲み上げることができるだけでなく、表層との温度差も大きく「海洋温度差発電のベストサイト」（佐賀大の池上康之《いけがみやすゆき》准教授）であるという。沖縄以外にも、日本では鹿児島、小笠原諸島などが適地にあげられるが、理想的な温度差のもと発電を行なうためには、発電所や工場などの温水排熱の活用が有効である。二〇一〇年度ＮＥＤＯ「海洋エネルギーポテンシャルの把握に係る業務」では、現状の技術を想定すると、現実的な導入量は五九五二メガワット、発電可能量は年間四七テラワット（年間電力需要の約5％）と試算される。

経済的な面でいえば、プラント規模が大きくなるほど発電コストは低減される。一時間当たり一メガワットプラントは約五〇円、一〇メガワットプラントでは約二〇円、一〇〇メガワットプラントでは約一〇円と試算されている。

海洋エネルギー資源利用推進機構（ＯＥＡ‐Ｊ）の海洋温度差分科会の試算では、数百キロワット以下の規模では発電のみで経済性を成り立たせるのは難しく、海水淡水化技術や海洋深層水の利活用、リチウム回収などとの複合利用が望ましいという。

海外でも注目される海洋温度差発電

近年、海外でも海洋温度差発電に注目し、事業として取り組みをはじめたところも多い。アメリカの航空宇宙企業であるロッキード・マーティン社は、中国の不動産開発業者であるレインウッド・グループ（Reignwood Group）と海洋温度差発電所建設に関する契約に調印、出力一〇〜一〇〇メガワットの試験プラントの建設が二〇一四年にはじまる。ロッキード・マーティン社は、一九七〇年代より海洋温度差発電に取り組み、浮体式システムを世界ではじめて開発した。現時点では、世界最大規模の海洋温度差発電所になる見込みである。

今回建設する海洋温度差発電所は、レインウッド・グループが計画するグリーンリゾートの電力を一〇〇％まかなう予定だ。年間で一三〇万バレルの石油を節約できる。一バレル一〇〇米ドルという石油価格を仮定すると、年間一億三〇〇〇万ドルの燃料費が節約できる。加えて、二酸化炭素の排出量を年間五〇万トン削減できるという。

もはや、発電技術の研究向上は、効率的なエネルギーを生み出すばかりか、一産業としても注目を浴びている。

日本は、エネルギー基本計画に原子力発電を「重要なベースロード発電」と位置付けた。確かに、重要なエネルギー源であるのは間違いないが、福島原発事故後の安全性も検証できないまま、どうしてここまで頼らなければいけないのだろうか。無限の可能性を持つ日本の海にも、もっと目を向けるべきである。

原子力発電の再稼働や海外への売り込みをする前に、波力発電、洋上風力発電、潮汐発電、潮流発電、海流発電、海洋温度差発電の技術向上に励み、国家的な施策として取り組むべきである。その方が、海外へその技術を売り込むことにも後ろめたさがなく、逆に日本は尊敬されるに違いないだろう。

日本の海洋再生可能エネルギー開発は、なぜ立ち遅れたのか

このように海洋再生可能エネルギー分野において日本は、一部を除き、ヨーロッパ、中国、韓国などと比較すると三〇年以上の開きがあるといっても過言ではない。ではなぜ、ここまでの開きが生じたのであろうか。

その理由は、いくつかあげられる。

まずは歴史の古さがその一つ。というのも日本人は、海とのかかわりが深く、なかでも食文化や海運の分野は、他国では到底及ばない歴史とその伝承がある。村上《むらかみ》水軍、北前船などは一〇〇〇年の歴史があるが、それ以前から船によって全国各地を活発に移動していたことがわかっている。

ヲシテ文字で書かれた縄文時代を記したとされる文書「ホツマツタヱ」には、ワニ船、カモ船など目的に合わせた速さの船が存在し、日本全国を巡っていたとする記述が見られ、「うを」を食べることを奨励すると記されている。古来、日本人は、魚食文化や海運文化を取り込み、深くかかわりながら今日に至っているのである。

こうした伝統を継承するなかで革新的なことを取り込む、たとえば漁場に再生エネ

ルギー施設を建設し、新しい産業として受け入れることに抵抗があることは否定できないだろう。何百年も前から、祖先がその場に住み続け、大切に守ってきた生活の糧《かて》である海洋に対して、新しい産業を持ち込むことに不安を覚えることは、想像に難くない。

次にあげるとすれば、海洋利用の多様性である。水産事業にかかわる地域を見ると、様々な関係者が海を利用してきたことがわかる。海洋は同じといえど国や地域によって様相が異なり、そこに生活する人々の認識も当然異なる。多様な関係者が海洋を利用してきたという点、そしてそこに住む人々の認識の多様性が、新しい改革を導入しようとしても大きく立ちはだかるのだ。

たとえば、一九七一（昭和四十六）年に出版された科学技術白書には、わが国の巨財科学技術として宇宙開発、原子力開発、そして海洋開発があげられている。関係予算の費目を見てみると、様々な省庁が最も多くかかわっているのが海洋分野なのである。関連省庁をあげると、海洋関連では、科学技術庁、厚生省、農林省、通商産業省、運輸省、郵政省、労働省、建設省（いずれも当時の名称）の八省庁もある。

それぞれの省庁では、潜水調査船の運用、渦中《かちゅう》作業基地の建造、海中公園設定調査、浅海域《せんかいいき》増養殖漁場の開発、陸棚《りくだな》海域地下資源賦存基礎調査、水路業務運営、測量船の建造、通信方式の調査、労働災害防止対策、測地基準点測量などを行なっている。

次に多いのが宇宙関連で科学技術庁、通商産業省、運輸省、郵政省、文部省の五省庁であるが、そもそも宇宙は現時点で日常生活に直接的にかかわるものではないところに、海洋との違いがある。

同様に原子力開発も一般市民にとって日常的に直接的なかかわりが薄い分野であり、いかに海洋開発の分野が直接的で密接なかかわりがあるかがわかる。多様なかかわりがあるということは、それだけ調整が難しいことをも意味する。多様なかかわりが各所の調整を難しくし、技術力はあったとしても新しい取り込みのチャレンジを妨げているのである。

求められる全官庁の総括的取り組み

このように多様性が高いケースにおいて、日本の省庁は、これまで、それぞれが都合良く細分化し、管理してきた。たとえば、水産業については水産庁で考え、港湾工事は国土交通省で考え、水質管理は厚生労働省で考えるという具合にである。そのほうが効率的で利用・管理しやすいからだ。

しかし、細分化して利用の効率化を図ることは、海洋にかかわるこれまで培《つちか》った人と人、人と自然の関係性をいとも容易《たやす》く分断化してしまう。高度経済成長期以来、実施してきた浅海域の埋め立てによる港湾や工業地帯の造成などもその一例だ。このような積極的な環境破壊は、急速な経済発展のためには欠くことのできないものであったろうが、浅海域は沿岸域に生息する魚類のナーサリーグランド（生育場）である。大量生産・大量消費の波に乗って人の生活は豊かになったが、生活排水や工業廃水により、河川水や沿岸域が汚染され、大きな痛手を被った。沿岸域の水産生物は汚染、あるいは消滅していったのである。

それらの反省からその後、沿岸域の埋め立てや、水質汚染などによって激減した水産資源を増やそうと、全国各地で人工増殖が盛んに行なわれた。天然の水産生物を増やすために人工受精、稚魚の育成、放流などを実施し、人工増殖に努めた。全国各地で、国家プロジェクトとして取り組まれたのである。

しかし、北里大学井田《いだ》斉《ひとし》名誉教授は、一九九〇年代にこう指摘した。日本全国で様々な水産生物の人工増殖が行なわれているが、人工的に卵を孵化《ふか》し、放流して成功しているのはサケぐらいであり、他の海水魚の成績は決して良いものではない、と。稚魚の生育場である浅瀬を埋め立てた状態で、いくら稚魚を放流したところで成長するはずがないのである。

そして、細分化された関係性のなかでは互いに補うことができず、大きな損失を被る危険性をはらむ。種苗の放流はするが、それがどのような生活を送っているのかなどという生態調査研究、生態調査は別物であった。関係性が薄いなかで、お互いがそれぞれ都合良く分断化してしまうことで、それまで培った関係性や経験則が発揮されることなく、利便性をなくし、ひいては相手の損失になるばかりか自己の損失にもつながってしまう。

このようなことを踏まえると、海洋を利用する際には、お互いの垣根を越え、一つのつながった海洋であるという認識をもとに、細分化された各業界ごとの利益のみならず、お互いの利益を考えながら総合的に海洋利用を図ることができる思想が求められるであろう。そのためには、工学や水産学に特化するのではなく、そうした専門知識を持ちながらも、幅広い海洋に関する知識や技術を活用できる能力を備えた人材が必要になってくるであろう。

現在、海洋基本法には海洋総合政策本部が設置されることが明記されており、海洋を一元管理して海洋・沿岸域を保全し、持続可能な利用を図ろうとする動きがはじまっている。海洋は三大巨大科学技術のなかで一番生活に密着した分野であり、具体的で理解しやすい分野である。だからこそ、海洋の総合的な管理を行なうための明確な思想と、その思想を持つ人材が求められる。

そもそも、日本人は自然を大切に思い、自然の恵みを活かしながら自然と共存して生きてきたという自負がある。水産業は自然環境との共存によってはじめて成り立つ産業であり、その意味で日本の代表的な産業分野といえる。しかし、高度経済成長の波にさらされ、海岸線の多くは埋め立てられ水産業を破壊したことも事実である。水産業が破壊された事実から考えると、再生可能エネルギー発電は大手を振って喜べる代物《しろもの》ではないかもしれない。

そこで、これからの再生可能エネルギー開発にあたっては次の点に配慮してほしい。

一、漁業補償金で解決するだけでは、高度経済成長の埋め立てと同じことになるであろう

二、開発すべきことはしっかりと予算をつけ、開発を進めるべきである

三、開発のみならずモニタリングをしっかり実施し、市民にわかりやすく公開し、市民の意見を集約する機関を設置する

これらのことはすべての巨大技術に当てはまることだが、国家予算がどれだけ使われているのか、そしてどのようなことが実施され、どのようなリスクを抱えているの

かをしっかりと国として責任を持って行なうべきである。従来のようにシンポジウムを開催しておしまいにするのではなく、正確な情報を老若男女にわかりやすく伝え、共有するための機関を設置することで、海洋の包括的な理解と利用、そして管理が実現するのである。

包括的な理解や利用は多様な組み合わせによって新しい価値が生まれ、そのような組み合わせを作るための工夫も求められていくのである。

第五章

世界中が狙う海底鉱物資源

海洋開発によるエネルギー源の確保へ

海洋再生エネルギーを推進しつつ、貿易赤字の主要因となっている石油、天然ガスの輸入拡大の現状を打破するための様々な施策が求められている。円安が進行したアベノミクス以降の原油価格の上昇や天然ガスの輸入拡大により、貿易収支は赤字を続けているからだ。二〇一四（平成二十六）年三月現在の国際収支についていえば、一一六四億円の黒字となっているが、貿易赤字を投資収益によって相殺して、わずかながら黒字を維持しているのである。

このような状況下で、安定的なエネルギー源の確保、及びエネルギーにかかるコストの削減が急務の課題となっている。

エネルギー源の確保については現在、一定量の資源を長期安定的に確保するため、主に海外における石油・天然ガスを自主開発している。世界各地で一四七（二〇一二年六月末現在）のプロジェクトを展開し、そのうち七一（カザフスタンのカシャガン・プロジェクト、オーストラリアのイクシスガス・コンデンセートプロジェクト、インドネシアのアバディLNGプロジェクト、パプアニューギニアのPNG LNGプロジェクト、アゼルバイジャンのカスピ海ACG・プロジェクト）で原油・天然ガスを生産しているのが現状である。

とはいえ、こうした海外からの供給が止まってしまえば、日本はいつでもエネルギー供給不足に陥ることになる。グローバル競争が激しさを増すなかで、エネルギー安定供給のための次なる一手が求められている。

原子力発電再稼働のハードルが高い現在、政府は、ここにきてようやく、自然エネルギー開発への取り組みを加速させているのだ。

未来を見据《みす》え、大きな可能性を秘めている事業の一つが海洋開発である。領土面積は約三八万平方キロメートルで世界六一位の日本だが、EEZと領海を合わせた面積は六位、領土と合わせた国別順位は九位の大国なのだ。近年の海底調査によって、その地下に豊富な資源が眠っていることが期待されており、すでに様々なところで調査や開発が進められている。

国内油・ガス田調査については、昭和三十年代以降にはじまり、第三次計画までは伝統的に石油、天然ガス生産が行なわれていた新潟県や秋田県の陸上が中心であった。

その後、第四次計画は北海道陸域を中心に調査が行なわれ、第五次計画は、わが国周辺の大陸棚を中心に順次水深の深い地域に調査対象地域を拡大しながら調査が進められた。

第五次計画までに陸域、海域とも基本的な調査は一巡したため、第六次及び第七次計画では、これまで探鉱が行なわれなかった地下五〇〇〇メートル程度の深部に重点を置くこととなった。

第八次計画では、それらに加えて、メタンハイドレートをはじめとした新しいタイプの石油・天然ガス鉱床に重点を移して調査を行なった。

このように昭和三十年代からスタートしたロングランの調査であるが、第六次計画以降の海底探査においては、探査技術と深部掘削《くっさく》技術の飛躍的な進歩により実現した。

佐渡南西沖で国内最大級の油田を発見

その一つが、世界最先端の三次元物理探査船「資源《しげん》」による調査である。二〇〇七（平成十九）年度より二〇一二（平成二十四）年度まで、北は北海道から南は沖縄までのEEZにおいて油・ガス田の海域調査を行なっており、各地に石油が埋蔵されていることが明らかとなった。

その代表的な地域が新潟県の佐渡島沖で、国内最大級となる油田を佐渡南西沖に発見。東京ドーム二〇〇〇個分の広さの油田が海底に埋まっている可能性がある。そこで経済産業省は、二〇一三（平成二十五）年に石油・天然ガスを掘り出すための調査（試掘）を実

三次元物理探査船「資源」

写真提供：独立行政法人 石油天然ガス・金属鉱物資源機構

施した。

調査地点は上越《じょうえつ》海丘、掘削地点は新潟県佐渡南西沖約三〇キロ、上越市から北西五〇キロに位置している。二〇一三年四月十四日から開始し、三カ月間にわたり掘削船「ちきゅう」によって行なわれた。

掘削水深は約一一三〇メートル、掘削深度は海底面下約一九五〇メートル。埋蔵予想区域は一〇〇平方キロメートル超で、国内最大規模の油・ガス田の見込みであるばかりか、中東の中規模程度の石油・天然ガス田に相当するという。掘削の結果、目標としていた地層の一部から、微量であるが石油・天然ガスの兆候を確認することができた。また、試掘時、地層から採取した岩石のサンプルや各種地質データを取得し、周辺海域の石油・天然ガス開発を判断するための情報も入手できた。今後、詳細な解析・評価作業を実施し、試掘地点周辺における石油・天然ガスの存在状況の確認・評価がなされるであろう。

海底鉱物資源開発にかける国の取り組み

三次元物理探査船「資源」や掘削船「ちきゅう」などの活躍の背景には、二〇〇七年に成立した海洋基本法の成立が大きい。この法案は、食料、資源・エネルギーの確保や物資の輸送、地球環境の維持等において、海が果たす役割の増大するなか、海洋環境の汚染、水産資源の減少、海岸侵食の進行、重大海難事故の発生、海賊事件の頻発、海洋権益の確保に影響を及ぼしかねない事案の発生等、様々な海の問題が顕在化していることにより、制度的枠組みの必要性から成立したものである。

基本的施策として、

一、海洋資源の開発及び利用の推進　二、海洋環境の保全等　三、排他的経済水域等の開発等の推進　四、海上輸送の確保　五、海洋の安全の確保　六、海洋調査の推進　七、海洋科学技術に関する研究開発の推進等　八、海洋産業の振興及び国際競争力の強化　九、沿岸域の総合的管理　十、離島の保全等　十一、国際的な連携の確保及び国際協力の推進　十二、海洋に関する国民の理解の増進

などをあげている。

これらの基本的施策のなかで、冒頭に掲げられているのが、海洋資源の開発及び利用の推進であり、新たな新規産業の創出への大きな期待が産業界から寄せられている。

その期待の背景には、広い海洋面積を誇るという理由だけではない。科学技術の進歩によって、わが国の海底には鉱物資源やエネルギーが莫大に賦存《ふぞん》（潜在的に存在すること）していることが明らかになってきたからである。とくに、銅、鉛、亜鉛、金、銀などを含む熱水鉱床が日本のEEZ内に存在し、その広さは世界でも最大級だ。さらにメタンハイドレートも太平洋側のみならず、日本海側の広い範囲にわたって日本のエネルギー消費量の一〇〇年分に相当する量が賦存している。

二〇一三年に見直された海洋基本計画では、広大な管轄海域における海洋エネルギー・鉱物資源の開発について、次のように大きな目標を掲げている。

「海洋エネルギー・鉱物資源の賦存量・賦存状況把握のため、海洋資源調査船『白嶺《はくれい》』、三次元物理探査船『資源《しげん》』、海底を広域調査する研究船等に加えて、主に科学掘削を実施している地球深部探査船『ちきゅう』の活用も含め、関係省庁連携の下、民間企業の協力を得つつ、海洋資源調査を加速する」

これは、管轄海域における海洋基本計画の向こう五年間の大きな目標である。具体的な取り組みとしては、メタンハイドレート、海底熱水鉱床、コバルトリッチクラスト及びマンガン団塊並びにレアアースの資源開発である。

メタンハイドレートを新潟県上越《じょうえつ》市沖海底で確認

石油以上に次世代エネルギーとして可能性が高まっているのがメタンハイドレートだ。経済産業省は、日本海の上越市沖の海底で、直径二〇〇～九〇〇メートルのメタンハイドレートの有望構造二二五カ所を確認したと発表した。海底の音波調査で有望な地層を絞り込んでいたが、二〇一三年末には、高さ一〇〇メートル、直径二〇〇メートルの「鉱山」内部が大規模に露出しているのを発見したという。この度映像が公開され、メタンハイドレートからガスがボコボコ湧き出す様子が確認された。

日本海側ではこれまで調査が行なわれていなかったが、二〇一三年になって調査が開始され異例の早さで確認された。太平洋側に比較して塊《かたまり》で存在しており、比較的容易に採取できるのではないかという専門家もいる。経産省は二〇一四年からサンプル取得に取りかかり、濃度、深さを調べ、今後一〇年をめどに商業化の可能性を探るという。燃料輸入による貿易赤字が続くなか、メタンハイドレートは輸入液化天然ガス（LNG）に代わる国産のエネルギー資源として注目され、地元経済界でも、商業化への期待が高まっている。

そもそも、メタンハイドレートとは、海底下のある温度圧力条件のもとで、水分子がメタン分子を取り込んで氷状に固まったものである。このメタンの起源は、海底下の有機物の熱分解によるものと、微生物活動によって生成されたものがあり、日本近海には広く分布していると考えられている。

わが国は、二〇一三年に世界ではじめて、太平洋側の愛知県沖合においてメタンハイドレートの産出に成功し、世界中から注目を浴びることとなり、メタンハイドレートのクリアーリーダー（先導者）として知られている。

じつは、この世界的な発見として知られる以前から、独立総合研究所の青山千春《あおやまちはる》博士らによって、日本海においてメタンハイドレートの存在が確認されていた。博士らによると、太平洋側より日本海側に、メタンハイドレートは膨大な量が潜んでいるという。日本海は太平洋側に比較してメタンハイドレートの純度が高く、巨大な結晶の形で存在し、メタンブルームが海底から湧き出ているというのだ。

メタンブルームとは、青山博士が魚群探知機によって、世界ではじめて確認したもので、メタンハイドレートが溶解し、海底から立ち上っている状態のことを指す。つまり、メタンハイドレートは、海底でメタンガスとなって海水中に放出されているのだ。

近年、韓国はこの日本海の膨大な量にのぼる資源の存在を知り、海底調査を開始。二〇〇五（平成十七）年に竹島周辺の埋蔵量は、韓国の天然ガス消費量の三〇年分（六億トン）に相当する膨大な量が賦存していると発表した。二〇一五年頃までに円換算で三〇〇億円の予算を投じる計画を立て、二〇一四年に竹島周辺で実用化するとしている。

海の〝ゴールドラッシュ〟、世界が群がる海底熱水鉱床

海外に目を向けると、たとえば、南太平洋に位置するパプアニューギニアでは、水深一六〇〇メートルの海底にある金属鉱物資源開発を商業ベースに乗せる試みが進んでいる。海底油田に続く新しい深海底の資源で、二〇〇六（平成十八）年に設立されたカナダのベンチャー企業「ノーチラス・ミネラルズ社」が海底熱水鉱床の開発を推進しており、出資者には、資源開発大手の欧米の有名企業が名を連ねる。推定埋蔵量は一五四万トンで、二〇一四年から生産を開始する予定だ。

海底熱水鉱床とは、海底面から噴出する熱水から金属成分が沈殿してできた銅、鉛、亜鉛、金、銀などからなる多金属硫化物鉱床で、チムニー、マウンドを形成している。チムニーは高さ一〇メートルに達する場合もあり、東太平洋海膨《かいぼう》、大西洋中央海嶺《かいれい》、南太平洋北フィジー海盆《かいぼん》に賦存しているといわれている。

海底熱水鉱床は、プレートテクトニクスの存在が明らかになってから、その存在が知られるようになった新しい鉱床である。日本における先駆者である東京大学の飯笹《いいざさ》幸吉《こうきち》教授によると、一九六〇年代の紅海での高水温地帯の発見と重金属泥の発見の

後、一九七四（昭和四十九）年大西洋中央海嶺、一九七九（昭和五十四）年東太平洋海膨での熱水鉱床発見に続き、一九八一（昭和五十六）年ガラパゴス拡大軸で巨大鉱床が発見され、深海底鉱物資源として注目されはじめたという。海底熱水鉱床で期待できる鉱物には、主に次のようなものがある。

■コバルト・リッチ・クラスト

マンガン団塊と類似の鉄・マンガン酸化物で、数百〜数千万年をかけて成長したと考えられる。海山の斜面や頂部の玄武岩等の基盤岩を厚さ数ミリ〜数十センチで、アスファルト状に覆っている。とくにマンガン団塊に比べてコバルトの品位が三倍程度高く、微量の白金を含み、北西太平洋に点在する海山に多く分布する。

独立行政法人石油天然ガス・金属鉱物資源機構（ＪＯＧＭＥＣ）によると、海山・海台の平頂部や斜面表層に層状に分布し、マンガン24・7％、銅0・1％、ニッケル0・5％、コバルト0・9％、白金0・5ＰＰＭの品位を有しているという。

一九八一年米国・旧西独による共同調査がスタートし、中部太平洋ライン諸島にて確認されたのを契機に、各国で探索が続けられている。マンガン団塊に比べて高品位のコバルトを含有するマンガン・クラストを確認した。

■マンガン団塊

マンガン団塊の調査は、一九七五（昭和五十）年度より金属鉱業事業団（現ＪＯＧＭＥＣ）が国の委託を受け実施した。二二年間の調査の結果、ハワイ諸島南東沖にマンガン団塊が広大かつ多量に分布することが確認され、将来の商業開発が期待されている。

水深が四〇〇〇〜六〇〇〇メートルの比較的平坦な大洋底に半埋没し、直径二〜一五センチ程度の球形、ないし楕円状の鉄・マンガン酸化物の塊となっている。マンガン、鉄を主成分とする酸化物で、ニッケル、銅、コバルト等の有用金属を含有しており、岩片やサメの歯が核になり、年輪状に長い年月をかけて金属が沈殿したと考えられている。

■レアアース

最近の研究で、太平洋の海底堆積物中にレアアースが多量に含まれていることがわかった。これは「レアアース資源泥」と呼称され、新しい海底鉱物資源として非常に注目されている。

レアアース資源泥の成因として、プレートが生まれる海嶺の巨大な熱水活動がかかわっていることが示唆されているが、どこにどれぐらい存在しているのか、まだ全体像がわかっていないため、今後の調査が必要である。また、「レアアース資源泥」の研究から、過去数千万年間の太平洋の物質循環の復元ができることが期待されている。

近年の調査では、日本の海底にも豊富な海底資源が眠っていることがわかり、その埋蔵量は世界でもトップクラスだといわれている。日本は、火山列島であり、海底にも数多くの熱水鉱床が存在し、すでに日本周辺では、沖縄トラフや伊是名海穴《いぜなかいけつ》、伊豆・小笠原弧周辺で大規模な熱水噴出孔が発見されている。沖縄、小笠原諸島海域には、パプアニューギニア沖以上の八〇兆円分もの鉱床があると試算され、その水深も七〇〇～一六〇〇メートルと、比較的浅く開発に着手しやすいという。

海外企業も日本の海底資源に目を付け、二〇〇七（平成十九）年には、イギリスのネプチューン・ミネラルズ社が日本政府に対し、排他的経済水域内の九海域、一三三カ所で金属鉱物の鉱区設定を申請した。慌てた日本政府は、海外勢による開発に対し、防御する法律を改正し、防御線を張った。しかし、開発リスクを恐れ、自ら海底資源開発を進める気配を示さなかったようだ。

かつて、マンガン団塊の開発を狙って四〇〇億円近い予算を投じたが上手くいかなかった経緯があり、政府は海洋開発に慎重な姿勢をとってきた。海底資源は、開発リスクが高く、思うように成果が出ないことも予想されるためだ。また、日本国民の海への関心がそう高くないことも海底資源開発への意欲をそぐ結果につながり、政治家も注目度の低い政策を進めることに消極的なようである。

欧米では今や、海洋資源開発技術者が人気の職種だといわれているが、残念ながら日本では国民的関心、海洋開発人材の育成、資本投資など、決して十分とはいえない。まさしく、この温度差がゴールドラッシュに乗り遅れた日本の現状を暗示しているのではないだろうか。リスクなくして、成功はないのである。

北極資源の獲得に乗り出す石油メジャー

地球温暖化による環境破壊は、すでに北極にまで及んでおり、アメリカ科学アカデミー紀要に発表された調査予測では、このまま地球温暖化が加速すると、北極海の夏季の海氷は、今世紀半ばにはほぼ消滅し、ホッキョクグマなどの生態系を脅《おびや》かすだけでなく、大気循環の変動により、日本をはじめとする中高緯度に位置する国や地域の異常気象が増加する恐れが高まると報告している。

さらに、二〇一三年、科学誌「ネイチャー」で発表されたオランダとイギリスの研究チームの報告では、東シベリア海の海底に眠る永久凍土の下に埋まっているメタンハイドレートが近年、大気中に漏れ出していることが判明した。温暖化で、夏になると海氷が溶け、海底に眠る永久凍土が溶け出し、漏れたのではないかと考えられている。

メタンハイドレートは、温室効果が二酸化炭素の二〇倍もあるため、もし、これらのメタンハイドレート（五〇〇〇億トン）が二〇一八（平成三十）年から一〇年かけて地上に放出された場合、世界の平均気温は、二〇三五（平成四十七）年には産業革命前よりも二度上昇し、異常気象や干ばつ、洪水などが多発すると考えられている。

その一方で、IPCC（気候変動に関する政府間パネル）から漏洩《ろうえい》した情報では、地球は寒冷化に向かっており、二〇一二年には観測史上最小を記録した氷床面積が二〇一三年には増加をはじめているという報告もあるが、基本的なことに立ち返ると、われわれ人類は、いかなる方向に進もうとも、地球環境保全に積極的に取り組まなければならないということだ。地球はあまりにも短すぎる期間で破壊され、修復が難しい状況にあることだけは確かだからである。

ところが、ビジネスの世界ではそうではないらしい。北極海の海氷の減少は絶好の好機としてとらえられ、すでに熱き海洋資源争奪戦がスタートしている。

こうした北極海の乱開発を危惧する声も高まっている。

ノルウェーの環境NGOは、バレンツ海の石油掘削施設に対して抗議活動を起こした。もし、石油流出などの事故が起きれば、水温が低い北極海では分解されず、生態系に大きな影響が出ると訴えている。

ロシアでは、二〇一三年、国際環境保護団体のグリンピースの活動家三〇名が、北極圏で海底油田開発を進める政府系天然ガスプロムに対して抗議するために、掘削施設に近づき、拿捕《だほ》された。

どうやら国家レベルにおいては、環境より国益が優先されるようだが、人々が声を上げ、意思を示すことを止めないことがとても大切なのではないだろうか。ノルウェーでは、民間の声を意識してか、環境重視を国際的にPRしながら海外企業にも開発の門戸を開くというソフトな戦略をとっているようである。

フランスの海洋エネルギー計画

海洋利権に関しては、多くの国が関心を寄せ、様々な施策を打ち出している。世界各地に海外領土を持ち大きな管轄海域を有しているフランスも例外ではなく、二〇〇〇年後半以降に海洋政策に力を入れるようになった。

エコロジー・エネルギー・持続可能な開発・海洋省のボルロー大臣は、二〇〇九（平成二十一）年十一月、「海洋グルネル（懇談会）」で示された内容について、正式に検討作業を開始した。検討作業では、船舶解体業種組合の設立、浚渫《しゅんせつ》物の処理、「ブルーエネルギー」計画、海と沿岸の整備と保護、海洋保護地域の発展、汚染削減、汚染による被害補償制度の改革、環境影響評価制度、関係者のネットワーク作り、普及啓発、コミュニケーションなどがあげられた。現在、海洋エネルギー関連の研究開発について、洋上風力、潮流、波力、温度差発電などに関する研究開発プロジェクトが進められている。

フランスは世界二位の管轄海域を保有しているが、歴史的には大陸国家としてのアイデンティティが強く、海洋戦略に目を向けはじめたのは、サルコジ政権（二〇〇七年五月〜二〇一二年五月）時代であった。

サルコジ大統領は、環境と調和した経済発展を実現するため、就任から間もなく、多様なステークホルダー（市民団体、NGO、国、労働組合、企業経営者、地方公共団体）を政策形成過程に関与させる会議「環境グルネル」を発足させた。グルネルとはパリの地名で、一九六八（昭和四十三）年五月、この地に政府及び諸団体、ＮＧＯが集い、環境対策などをテーマに話し合ったことにより、この名称が付けられた。

この会議では、専門家を加えたワーキンググループ、パブリックコメントの収集、テーマ別の円卓会議などのステージを経て、テーマごとの提言書がまとめられた。提言書には二六八項目の具体的な行動計画が明記されており、これらは、二〇〇九（平成二十一）年八月三日の環境グルネルの実施に関する「グルネル実施法一」、二〇一〇（平成二十二）年七月十二日の環境のための国家の義務を定める法律「グルネル実施法二」として立法化された。

海洋分野に特化した「海洋グルネル」は環境グルネルを補完するものとして、二〇〇九年二月から開始された。その成果として、二〇〇九年七月の最終会合において一三七の提言を盛り込んだ「海洋グルネルコミットメント青書」が発表された。

これによると「Ｅ３（海洋資源、明日の経済の基盤）」で、海洋エネルギー資源、海洋の金属資源について、次のような目標を掲げた。

今後二〇二〇（平成三十二）年までに、再生可能エネルギーが占める割合を23％まで引き上げ、一万人近い雇用創出を促進するというものである。これは、二〇〇五年に制定されたエネルギー政策の基本方針を定める法律において、第一章に国家エネルギー戦略、第三章に再生可能エネルギーが規定されている。

フランスには、年間発電量五五〇ギガワットのランス発電所があり、潮力発電分野で世界的リーダーの地位を占めているが、海洋再生可能エネルギーの開発に積極的に取り組む姿勢を示した。広大なエネルギー潜在能力は、洋上で六〇〇〇メガワットを発電できると見込まれている。

フランス北西部の大西洋沿岸地方は、海洋再生可能エネルギーの潜在能力の90%を秘めているとされ、フランス政府は洋上風力発電所建設にかかわる基礎工事、敷設船、変電所の三つの計画に関して、大手造船会社と技術革新支援協定を結び、企業連携に乗り出している。

ナント中央学校では、海洋再生可能エネルギーに関する海上試験用プラットフォームを設置し、浮体式洋上風力発電の実験用施設の準備を進めている。

官民一体、国を挙げてのフランスの取り組み

このように、フランスは海洋再生可能エネルギー分野において明確な取り組みを打ち出しており、本国及び海外領土の広い管轄海洋を活用して「うねり、波力、海流、潮汐、海洋温度差」など幅広い再生可能エネルギーの創出を睨《にら》んでいる。たとえば、次のようなプロジェクトがある。

大手造船会社のＤＣＮＳ（株式の75％を国が、25％をタレス・グループが保有）は、浮体式洋上風力発電所計画に参加し、プロトタイプによる実験をブルターニュ沿岸地方において二〇一三年からはじめた。この実証実験を経て、二〇一五年には洋上風力発電のモデル施設が設置される予定である。

同社は、海洋温度差発電でもリーダー的な存在であり、レユニオン島、ポリネシア、マルティニックで三つの計画を進めている。「海洋再生可能エネルギーはいずれヨーロッパにおいて、年間六〇億～八〇億ユーロ規模の市場になる」可能性があるという。

また、フランス海洋開発研究所（ＩＦＲＥＭＥＲ）が立案した「フランス海洋エネ

ルギー」計画においては、『メール・ブルターニュ』と『メールＰＡＣＡ』（二〇〇四年に公表された新産業政策に基づき、イノベーションを通して経済成長と雇用創出を目的に設置された）の二つの競争力拠点が認定を受けている。

フランス西部のブルターニュを、ヨーロッパの真の海洋首都にすることを目標に掲げた『メール・ブルターニュ』は、五三の大企業、一六七の中小企業、五四の研究教育機関、四三のパートナー機関からなるコンソーシアムであり、『メールＰＡＣＡ』はフランス南東部の地中海沿いを拠点とした五二の大企業、一〇四の中小企業、八一の研究・教育機関からなるコンソーシアムである。いずれも、ヨーロッパ、地中海、大西洋北部・英仏海峡、北海・バルト海などの地域からスタートし、国際的活動を進めている。

『メール・ブルターニュ』は、イギリス南東部海洋「クラスター」、フランス・ノルウェー財団、シュレースヴィヒ＝ホルシュタイン「クラスター」、ケベック海洋「クレノー」など、外国産業クラスターとも協力協定を結んでいる。

さらに二〇一一（平成二十三）年には、バイオ資源及び海洋再生可能エネルギーに関する国際会議「バイオマリン・ビジネス会議」がフランス西部の都市ナントで開催され、海洋再生可能エネルギー、環境、水産養殖などについて話し合われた。

　このように、世界中に海洋権益を持つフランスは、国家的命題として、積極的に海洋政策に取り組んでいるのである。

第六章

日本の海を再生させる社会的仕組み

科学の発展で狂いはじめた地球のエコシステム

これまで地球は、太陽の恩恵のもとで、何十億年もかけて独自の環境システムを築いてきた。たとえば、太陽エネルギーは反射が30%（雲20%、大気6%、地表4%）、吸収が70%（海面や地表で51%、大気16%、雲3%）の比率となっており、このうち地表に届くとされる51%のエネルギーは、海や川の水が蒸発するなどの蒸気熱によってその収支がゼロとなり、バランスを保っていた。

ところが、産業の伸展により、そのバランスが壊れ、様々な負の現象が地球の至る所で露見するようになった。もちろん、これまでも地球の温暖化や寒冷化は繰り返し起こってきたが、それは何千年、何億年という単位であり、近年の温室効果による気温上昇は、長い歴史のなかで異常ともいえるほど短期間に起こっている現象なのだ。

人類は経済の発展を物差しに科学を活用してきたが、科学がもたらす弊害についても熟慮し、広く地球全体のなかで、なぜその技術が必要なのかを考え、活用することが求められている。それは一般の人も例外ではないことは、先の福島原発事故を思い起こせばわかる。被害を被《こうむ》るのは私たち一般市民なのである。

もちろん、科学者はその研究がもたらす成果と、それによって生じる弊害について、広く情報を提供することが重要である。科学者が情報を提供することで、より良い決定がなされるようになることが理想だ。「良い科学」を用いることで、「良い決定」がなされることになる。いい換えれば、「より良い科学」を使うことによって、「最も優れた生活」をもたらすことができるようになる。すなわち、より多くの市民が「良い科学」を理解することで、それが「より良い決定」に結びつくのである。

人類の誕生以来、私たち人間は、地球のエコシステムに大きく依存してきた。エコシステムによって、魚類を漁獲し食料とするだけでなく、エコシステムが水や空気を浄化し、二酸化炭素を吸収する。蒸発現象、森林、土壌など自然の浄化作用によって、きれいな飲料水を得ることができる。石油はバクテリアにより長い年月をかけて作られたものだ。

このような恩恵をエコシステムサービスというが、これまで私たちは、このサービスを当たり前のものだと思ってきた。ところがここにきて、エコシステムサービスが当たり前ではなくなったことに気づきはじめた。科学の発展により自然界が大きく変わり、とくに産業革命以降、水、生物、森林、空気、気候など、地球環境の至るところで大きなひずみが露呈しはじめ、修復に手をこまねいている状況なのである。

だからこそ、今、科学を志すものは、これからは自然と人間の共存の在り方について科学が明らかにするだけでなく、そのことを社会に伝え、そして市民がどのようにすれば自然と人間が共存するのかを考え行動していくことが重要になっている。

有限な自然の恵みを使いこなすには、なにが必要か

水・食物・空気・太陽光など、私たちは自然の恵みによって生活し、種《しゅ》を保ってきた。しかしながら、近年における自然環境の劣化を目《ま》の当たりにし、自然の恵みが有限であることを痛感させられる。持続的な活用を維持するためには、自然の恵みを有効に使うことが求められているのだ。今こそ、私たちがこれまで機軸としてきた富(価値)、経済発展の見直しが迫られているのである。

十九世紀のイギリスの美術評論家であり、思想家であるジョン・ラスキンは、富について、「価値あるもの」を「富」と表現し、次のように続けている。

価値には二つの属性があり、一つは「本有的価値」(intrinsic value)、すなわちものに本来備わっている価値。そしてもう一つは「実効的価値」(effectual value)であり、人間にとって有用になったときの価値。つまり物質的効用はすべて、それと相対的な人間の能力に依存するというのである。

このように、ものを有用にする能力を「受容能力」(acceptant capacity)と呼ぶ。受容能力があるかないかで、ものの価値があるかどうかを決定付ける。つまり、人間がそのものを活用できるかどうか、価値を理解するかどうかにかかっているというところにラスキンの主張がある。

さらには「教育が普及して、教育が高まれば、自ずと重要さに目覚める。贅沢さ、浪費というのは無知な人間が共有している」と述べ、ものの価値は教育と教養に関係があり、教養を育《はぐく》むための教育こそが大事であるというのだ。

また、富の価値は人間の能力に依存するというケイパビリティ論がある。この論を展開するアマルティア・セン氏は、ノーベル経済学賞を受賞したインドの経済学者で、人間社会の経済的厚生がGNPで一律計算されることに疑問を持ち、著書『福祉の経済学――財と潜在能力』（岩波書店）のなかで、人間がものを利用することによってなにになりうるか、なにをなしうるかということが経済的厚生の規準である。さらに、民族あるいは国民はそれぞれ文化的アイデンティティを持っているため、経済と文化を切り離して考えることはできないとしている。

ケニア出身の環境保護活動家で、ナイロビ大学初の女性教授となったワンガリ・マータイさんは、二〇〇四（平成十六）年にノーベル平和賞を受賞した。二〇〇五（平成十七）年に来日した際、日本語の「もったいない」という言葉に感銘を受け、「MOTTAINAI」キャンペーンを展開した。

「もったいないという言葉には、リユース、リサイクル、リデュースだけでなく、ものに対するリスペクトの精神がある」とし、世界各地で「もったいない」の重要性を訴えたのである。

日本では、古来、ものを大切にすることを重視し、その日に食べない魚は干したり、漬けたり、様々な工夫を凝らして、もったいない精神を当たり前のように実践してきた。私の祖父は、ご飯を食べた後はご飯茶碗でお茶を飲み、お碗をきれいにしてから食器を洗っていたのを懐かしく思い出す。合成洗剤のない時代である。脂肪分の少ない食事は、合成洗剤がなくても十分に汚れを落とすことができた。今も必要ないのかもしれない。私自身も、環境にできるだけ負担をかけないように、洗剤を使わない生活を心がけている。

しかし、人間の習慣は恐ろしく、合成洗剤を使わないと気がすまないし、それ以外の選択を考えることさえないのではないか。

ゴミを出さない生活と経済活動は、両立可能

もったいない精神は多くの日本人から薄れ、使い捨て商品が氾濫した。キッチンペーパー、紙皿、紙コップなどが登場し、とても楽で、衛生的になった。商店の買いもの袋も紙袋からポリ袋に変わり、今や使い捨て商品がない生活は成り立たない。

しかし、その一方で、これらの使い捨て商品は、焼却ゴミと普通ゴミとなって最終

的には山に捨てられる。山がふんだんにあるところはいいが、山のない首都圏では海に埋め立てをする。

近い将来、ゴミの捨て場所がなくなるのも時間の問題となってきている。東京湾に面したA市の発表資料によると、東京湾の占用埋め立て地には、焼却灰を埋め立てているが、あと四〇年で限界になるという。その後は、さらに東京湾を埋め立てることになる。いずれこのままでは東京湾は陸と化すであろう。

ゴミを出さない生活、つまりは環境に優しい生活は、経済活動を停滞させてしまい、その結果、人は給料がもらえず、家庭も維持できなくなってしまうのではないだろうかと考える人もいるかもしれない。この経済と環境は一見相反する営《いとな》みのように思うかもしれないが、少なくとも昭和四十年代まではできていた。だからこそ、工夫次第で、できるはずなのだ。

とはいえ、今さら昔の生活に戻ろうといっても、引き返すことはできない。戦前の生活を覚えている人は少ないであろうし、理解しても行動できない人もいるだろう。それでも本来の人間と自然との在《あ》り方を考えながら、自然の摂理を理解し、責任ある決定や行動をとることを心がけたい。

たとえば、水産物がどこから運ばれてきたのか、なぜ地元の水産物が少なくなり海外からの水産物が増えているのか、石油は一日にどれだけ消費されるのか、等々。私たちの日常生活には、自然を上手く活用して成り立っていることを十分良く理解する必要がある。そして、実践では〝もったいない〟気持ちを忘れずに、ものを大切に扱うことが大切だ。

ゴミはどうしても出てくるものである。しかし、その排出量は生活スタイルを意識すれば調整できる。生ゴミを、今はマンションでもコンポストにできる設備があるという。段ボールコンポストという方法で生ゴミの半減に成功した家庭の主婦もいる。まさに、日本人の持つもったいない精神である。

自然と開発のバランスは、世界的共通のテーマである。大量生産・大量消費は、温暖化を早めるだけでなくゴミを大量に出してしまう。今こそ、すべてのものを大切にする精神であるもったいない精神を、もう一度私たち日本人が率先して実践することが大切だ。このままの状態でゴミを出しつづけるわけにはいかない。環境に大きな負荷を与えないように、ものを大切にして有効に活用することによって、持続可能な社会の実現をめざしたいものである。

今こそ考えたい、大量生産・大量消費生活の見直し

自然の循環システムのうえに文明が誕生し、経済発展を進めてきたわれわれ人類は、経済を重視しすぎた社会システムを構築したことで、経済と自然とのバランスにひずみを生みはじめている。

かつて私たちが住む日本は、江戸時代の鎖国政策などもあり、他国との接触が少なかったためか、自国内で衣食住をまかなう、一つの完結した生活を送る社会システムをベースとしてきた。島国として完結することで地方と中央とのつながりに無駄がなかった。

しかし、文明開化とともに西洋の文化が流入することで、日本人のライフスタイルが変化し、経済偏重の生き方が価値あるものとなり、商業がその地位を急速に高めていった。自然との共存より、自然をいかにてっとり早く活用し、利益を生むシステム

を築くかが重要視された。

第二次世界大戦で敗れると、政治も経済もアメリカ主導となり、自然を壊し、切り拓く、フロンティア・スピリットの精神が正義となった。戦勝国アメリカは、衣食住をはじめとする欧米型ライフスタイルを浸透させ、日本は抗《あらが》うことなく、現在においてもアメリカ政府の要求を鵜呑《うの》みにせねばならない状況が続いている。日米友好同盟どころか、日米主従関係だ。

危惧《きぐ》しなければならないのは、もはや日本人がこれまで持っていた伝統的な文化や知恵による国策は古いものとなり、自然破壊へと突き進む集約型産業による大量生産・大量消費の営みが良しとされる時代に変わり果ててしまったことである。

当然、地方の活力は低下し、簡単になんでも手に入る中央に人とものが集中する。人口が都心に集中すれば、地方を理解できない、目配せができない政治によって地方は切り捨ての状態に陥る。しまいには、地方は中央の社会システムから生み出される負の処理機関として、たとえば、汚染残土を受け取るゴミ処分場になったりする。原子力発電所の設置場所も、その例外でないのは周知のことである。

このような格差を是正するために、すぐにでも政府が主導して、徹底的な対応策を練る必要があるだろう。

その根幹をなすのが地方における人材育成だ。残念ながら、その仕組みはまだ十分ではない。多くの沿岸部の市町村は人材が不足し、自由度の低い交付金をただいわれたとおりに使わないと生きていけない状況が続いている。

こうした状態を打破するために、アメリカ合衆国では州立大学を設置し二つの使命を持たせた。一つは研究機関であり、もう一つは地域振興である。地域振興を目的とした大人向けの教育活動が一〇〇年以上前から続けられている。

一方、日本では、世界的な研究大学の道を歩み、地方の問題に対して、十分に目が向いていない。地方での活動が必要ないとの見解を持つ大学は、正常な状態とはいえない。ＴＰＰにより自由度が増せば、力の強い企業や分野は成功するに違いないが、これまで十分に力を入れてこなかった農林漁業が衰退するのは必須であろう。もし、日本全体のことを考えるのであれば、大学にも二つの使命を持たせ、戦略的に農林漁業をはじめ、さびれた地方自治を盛り上げる仕組みを作るべきである。

80　島嶼《とうしょ》、沿岸部振興が日本を救う

今でこそ、なにかと話題の尖閣《せんかく》諸島であるが、数年前まで日本人のほとんどは、その重要性に気づくことはなかった。ただの無人島だと思っていた。しかし、第二次世界大戦前の一時期、尖閣諸島は、通称古賀村《こがむら》として集落を形成していた。二〇〇人ほどが住んでいたが、経済的な理由などから放棄されることとなったのである。

もし、国家戦略の一環として、優遇措置等を講じ、住民の定住をサポートしていたならば……、あくまでも仮説であるが、現状を見るにつけ、残念なことである。

二〇一三（平成二十五）年に発表された海洋基本計画によれば、沿岸、島嶼《とうしょ》について積極的な振興政策を提言している。沿岸、島嶼は海洋資源に最も近い場所に位置しているにもかかわらず、人口減の問題が大きいからだ。沿岸域、島嶼の人口減によって、日本の人口の偏《かたよ》りが今後ますます加速することが予想される。バランスのとれた日本の国作りのために、明確な方策を打ち出していく必要があるだろう。

たとえば、尖閣諸島をはじめとする沖縄県には、約一六〇の島嶼が存在する。その島嶼のうち人々が生活している三九の離島中、三一の離島は人口が減少している。

％は人口減に苦しんでいるのだ。沖縄群島は隣国との接点であるとともに、重要な海洋資源に恵まれているが、一ヵ所に人口が集中する傾向にある。

これは、沖縄だけの問題ではない。全国の島嶼、沿岸部にもいえることなのだ。多数の島嶼を持つ日本は、その存在により、膨大な海洋面積を誇っている。だからこそ、海洋権益を損なわないような、長期的な視点を持って、国益を守る戦略を講じていかなければならないのである。

所得格差が無人島を作り出す現実

そもそも私たちは、日本列島という島に生活している。六八五二の島から形成され、その内、四二一が有人島で、他は無人島だ。近年、無人島になる島が増え、人口の偏りが著しい。島嶼のみならず沿岸部の人口減少も激しく、年々沿岸部の人口が都市部に流出している。

その主な要因としてあげられるのが所得格差で、島嶼や沿岸部では年収が三〇〇万円に満たない地域が多く存在する。このままでは、土地の価値や生産力が下がり、社会的インフラや海洋制度資本の遅れにつながり、結果的に若者の流出に歯止めがきかなくなってしまう。

これら沿岸部、島嶼の人口減少の問題はわが国全体のバランスを崩し、沿岸部、島嶼は衰退する一方、大都市部には人口が集中し、日常で満たされるべき自然環境から受ける恩恵が減少し、社会全体のＱＯＬ（クオリティ・オブ・ライフ）が低下していく。人口が集中すれば、沿岸部・島嶼と都市の分断化といった最悪のシナリオにもなりかねない。その結果、地方の自然環境や伝統文化や産業は破壊され、都市部の廃棄物処理場と化し、最終的には国として後退していく。

ルックイースト政策で有名なマレーシアのマハティール元首相は、日本を見習い経済発展をめざしたが、近年は日本の国力の低下に注目しているという。なぜ経済発展が停滞したのか、その理由を鋭い視点で捉えている。著書『日本人よ。成功の原点に戻れ』（ＰＨＰ研究所）で、日本人に対し、次のような言葉を投げかけている。

「日本も、独自の民主主義、独自の文化、独自の進み方があって良いのである。自分の国になにが必要か、なにがこの国にとってベストなシステムなのかということをつねに見極め、それを選択することが重要である。実は、日本にとって最大の危機は外国の脅威でもなんでもない。日本人が日本に自信をなくし、外国のシステムに同調することで自らを救おうとしていることこそが、最大の危機なのではないかと思えてならない」と。

つまり、日本人は自分たちのアイデンティティを失っているというのである。だからこそ、もう一度日本人のアイデンティティを確立し直すことが、日本を立て直す最高の方法なのである。

自然環境に目を向けると、沿岸、島嶼には多様な自然環境が残されている。自然環境には海洋エネルギー開発、レアメタル、そして水産資源と可能性が秘められている。日本の海洋面積は世界第六位であり、資源開発の可能性は十分にある。第五章で述べたように、日本海のメタンハイドレートや、南鳥島のレアメタルなどは、民間の主導によって開発が進められているし、国際石油開発帝石株式会社や、ＪＸホールディングス株式会社などの大手石油会社は、懸命に調査を進めている。

また、海藻が死滅する磯焼けの問題があるものの、島嶼や沿岸域には、多様な水産資源が豊富に埋蔵されている。このような海洋資源を最大限に活用することが島嶼や沿岸域の振興に大いに貢献する。最大限に活用するには、資源の持つ本有的な価値に止まらず、実効的価値を高めるための教育が必要である。ものの価値はそのものの開発ではなく、ユーザーの意識を高めることが求められているわけで、そのことによって、沿岸島嶼振興が図られるのである。沿岸島嶼振興を成し遂げるには、民間活力にゆだねるだけでなく国が全面的にバックアップして有能な人材を投入すべきである。有能な人材なくして沿岸島嶼振興はあり得ない。

岩手大学は、沿岸部一二市町村に一名ずつ有能な大学職員を配置し、沿岸振興に力を注ぐ計画を打ち出した。この計画では、大学職員が県や市町村の担当者、産業界、教育界、地域の多様なステークホルダーと連携を図り、地域の実効的価値を高めることを最大の目的としている。

この計画ははじまったばかりであるが、必ずや沿岸島嶼振興の切り札になると考えている。このような仕組みが、全国の沿岸島嶼振興の手本として、未来のバランスのとれた日本の国作りに大きな貢献をしていくことであろう。

注目される沿岸域総合管理という概念

自然、産業を含め、水圏環境の健全化が求められるなかで、今注目を浴びているのが、沿岸域総合管理である。

沿岸域総合管理研究会の提言によると、沿岸域とは「海岸線を挟《はさ》む陸域及び海域のうち、人の社会・経済・生活活動が継続して行なわれる、または自然の系として、地形、水、土砂等に関し相互に影響を及ぼす範囲を適切にとらえ、一体として管理する必要がある区域」としている。

また、「管理」とは「沿岸域における自然環境との調和を図りつつ、沿岸域の機能を最大限に発揮させるために行なわれる保全、利用の規制もしくは誘導、開発等に関する行為を指している」と定義されている。

つまり、人間が影響を及ぼしうる「海岸線と海岸線を挟む陸域と海域」を沿岸域とし、沿岸域の機能を最大限に発揮させるための行為が沿岸域管理である。当然、沿岸域には私たちの生活の基盤となっている水圏環境としての河川、湖沼《こしょう》、地下水も含まれることになる。さらにいえば、飲料水や工業用水、農業用水の真水は、大半が海の水が蒸発して雨として降り注いだものである。降り注ぐ雨の八割以上は熱帯地域の海水に由来する。その意味で、沿岸域はあらゆる環境や生物にかかわっているといえる。

従来での管理方式では、深刻化する環境問題に対応できなくなっている。二〇一二（平成二十四）年に、埼玉・千葉県の水道水からホルムアルデヒドが検出される事故があった。これはなんらかの原因によって、薬品が水道水を取水する河川に流入し、一時的に水道水が使えなくなったのである。当時、日常的な管理業務としてのモニタリングが十分に行なわれていないことが露呈した。混入してからでは遅いのである。混入を防ぐための、上流から川下までの徹底した日頃の水管理が必要なのだ。

また、都市部での水圏環境問題は著しいものの、部局的な対応では解決に糸口が見出せなくなっている。人口が急激に増加した都市部地域では、処理能力をはるかに超える下水が汚水処理場に導水されているだけでなく、処理されていない生下水を河川に排出していることが観察されている。

その結果として、空気中の硫化水素濃度が環境基準を超えることが日常的に起きている。これは、下水道の管理と人口動態管理とが全く別個に行なわれていることを示した例だ。さらに、硫化水素は水中でも生物にとっては有害であり、汚水処理場周辺では、特定の生物しか生息できない。

一方、地方都市では、排水基準が不明確なまま、また流域住民に十分に周知されないまま河川上流部に発電所が建設されるという暴挙が至るところで発生している。発電所の多くは、間伐材《かんばつざい》を燃料としたいわゆるバイオマス発電をしているが、実質的には間伐材よりも輸入材による発電が多いのが実情である。

さらに、農業の農薬や化学肥料については使用時の制限はあるものの、河川への影響については十分なモニタリングを実施しておらず、水圏環境への悪影響が起きている。水圏環境の深刻な問題は都市部だけではなく、地方でも同様であり、従来の縦割りによる管理では、水圏環境を十分に保全することは不可能なのである。

水圏環境問題は、水産生物資源についても大きな影響を与える。東京湾では約二万トンの水揚げがあるものの、年々漁獲高が減少している。神奈川県横浜市金沢区の柴《しば》漁協ではシャコがほとんど漁獲されなくなった。この漁獲高の減少は環境との因果関係は明確にされていないものの、底質環境悪化による生息場や産卵場の減少が、大きな要因になっていると考えられている。

さらに、自然環境を対象とした漁業についても問題点を指摘したい。地方の水圏環境は、大都市に比較して健全であり、水産資源も豊富、商品的価値も十分であるにもかかわらず、環境、資源、商品管理、消費者教育が実施されていないため、乱獲や環境悪化によって漁獲の減少を招く可能性もあるのだ。

だからこそ、川上から川下まで沿岸域総合管理を、流域全体で統括的に取り組む必要がある。できる限り多くのステークホルダーがかかわり、住民の代表である自治体が中心となって、沿岸域管理を推進することが望ましいと考える。前述した岩手大学のエクステンションセンターが、これらの取り組みを支える仕組みを構築しているとさらに良い。

今までは、流域管理はそれぞれ別の部署がまかなっていた。しかし、水圏環境の問題が悪化するにつれて、従来型の官僚機構には限界が生じている。流域を統合的に管理する沿岸域総合管理という概念、及びそのシステムが求められているのだ。

終章
海洋の活用こそが、国土を守る

内村鑑三《うちむらかんぞう》の海洋を想う心

持続可能な発展を実現させるためには、自然の摂理を理解する教育が大切であるとして、近年、体験教育や自然教育の重要性が叫ばれている。

このことを一〇〇年以上も前に唱えていたのが内村鑑三《うちむらかんぞう》であった。

内村鑑三は、『基督《キリスト》信徒のなぐさめ』『代表的日本人』を著したクリスチャンとして著名である。教会に依存した信仰ではなく、あくまでも聖書の教えに基づいた信仰を貫くことを主張した人物であった。彼の考え方は無教会主義として、今も信者に受け継がれている。

じつのところ内村は、キリスト者だけでなく水産学者という一側面も持っていた。一側面というより、水産学研究によってキリストの教えを深めていったといわれている。その彼が、生涯貫いたものが天然《てんねん》教育であった。天然教育とは、今でいうなら自然教育、体験教育といったところであろう。

内村は、札幌農学校（現・北海道大学）の第二期生で、新渡戸稲造と同級生である。水生動物に強い興味を持っており、お雇い外国人で獣医師でもあるアメリカの学者ジヨン・カッターから水生動物学の講義を受けた。

卒業試験では「漁業もまた科学の一部である」とする演説を行ない、その名を広く知らしめることとなった。彼には、印象に残る二つのエピソードがある。

一つは、幼少時代のことで、一八九九（明治三十二）年に、当時を回想して、次のように語っている。

「余《よ》の記憶すべき喜ばしき夏は余の一二、三才の時に始まれり、余の家は時に上州高《たか》崎《さき》にありて、余はいつしか殺生《せつしょう》の快楽を悟りたれば、夏来《きた》るごとに余はその付近の山川に河魚の捕獲に余念なかりき、余の父は余が読書を放棄し簗《やな》、掬手《すくて》、鈎《つりばり》等の製造修繕に従事するを見て、はなはだ不興の面を示せしといえども、余の全心は碓氷《うすい》、烏《からす》、両川の水産物にありしことなれば、厳父の些少《さしょう》の叱責《しっせき》のごときは余の省《かえり》みるところにあらざりし。余は今日なおその当時捕獲せし魚類の名称ならびに常習ことごとく記憶す。……余の天然学に心を寄するに至りしは実にこの時における余の水族の観察に基づけり」（『内村鑑三信仰著作全集　第2巻』所収「過去の夏」より）

幼少時代より机にかじりつくより、近所の川で魚を捕ることに夢中だったというのである。このことが彼の向学心を刺激し、彼の信念を一生涯貫く強い原動力になったと考えられる。

二つ目のエピソードは、アワビの研究に関することである。

「書中、載するところの鮑魚《あわび》の卵子を初めて顕微鏡下に発見せし時のごとき、余は歓懐おくあたわず、感涙、滂沱《ぼうだ》として下り、直ちに祝津村《しゅくつ》（引用者注・現在の小樽市）の西方にそびゆる赤岩《あかいわ》山の項に登り、びょうびょうたる日本海に臨み、ひとり万物の造り主なる真の神に感謝の祈禱をささげたりき」（『内村鑑三信仰著作全集　第22巻』所収「札幌県鮑魚蕃殖調復命書並びに潜水器使用規則見込上申書への付言」より）

と記されている。彼はアワビの受精卵をはじめて観察し、感動のあまりに小樽にある高台に上り、神に祈りを捧げたというのだ。これら二つのエピソードは、彼がどれだけ自然に対する強い興味関心を持っていたかを示す貴重な体験談である。

そのうえで彼は、

「学ぶべきものは天然である。人の編みし法律ではない。その作りし制度ではない。社会の習慣ではない。教会の教条ではない。ありのままの天然である」

「天然を知らずして、何事も知ることはできない。天然は知識のイロハである。道徳の原理である。政治の基礎である。天然を学ぶは道楽ではない。義務である。天然教育の欠乏は、教育上最大の欠乏である」（『内村鑑三信仰著作全集　第19巻』所収「読むべきもの、学ぶべきもの、なすべきこと」より）

とし、天然教育あらずして、法律・制度・社会・宗教・道徳・政治・教育はあり得ないと語っているのだ。

海洋資源大国日本の可能性に言及した内村

さらに、彼は次のように語っている。

「富は大陸にもあります、島嶼にもあります。沃野《よくや》にもあります、沙漠にもありま す。大陸の主かならずしも富者ではありません。小島の所有者かならずしも貧者ではありません。善くこれを開発すれば小島も能く大陸に勝《まさる》の産を産するのであります。ゆえに国の小なるはけっして歎《なげ》くに足りません。これに対して国の大なるはけっして誇るに足りません。富は有利化されたるエネルギー（力）であります。しかしてエネルギーは太陽の光線にもあります。海の波濤《はとう》にもあります。吹く風にもあります。噴火する火山にもあります。もしこれを利用するを得ますればこれらはみなことごとく富源であります。かならずしも英国のごとく世界の陸面六分の一の持ち主となるの必要はありません。デンマークで足ります。然り、それよりも小なる国で足ります。外に拡がらんとするよりは内を開発すべきであります」(『後世への最大遺物 デンマルク国の話』岩波書店)

として、海洋における太陽光発電、潮力、波力発電、風力発電、地熱発電の可能性についても、すでに一〇〇年前に言及している。

この言葉の意味するところは、二つある。一つは、日本は海に囲まれており、海を最大限に活用することが必要で、そのためには天然を良く理解することが必要不可欠であること。このような発想は幼少期や青年期の自然体験がもとになっていると思われる。

もう一つは、当時の日本政府が大陸に進出し領土拡大を目論《もくろ》むなかで、大陸進出よりも、わが国が持つ海洋に目を向けようと訴えたことである。当時としては独創的であったといえる。このような独創性は彼自身の天然教育から生まれてきたものといっても過言ではない。単なる評論家や為政者《いせいしゃ》の一方的な情報に基づいた判断ではなく、実際に自らの目で見、体で実感し、本質を理解することの重要性を訴えたのだ。これは、私が提唱している水圏環境教育の理論にも通じるものがある。

日本には伝統文化が多く残り、風習やしきたりを重んじる反面、為政者は法律やしきたりで国民を束縛しようとする側面が強く、国民は為政者の結論だけを鵜呑《うの》みにして判断する傾向が強い。内村は、日本人のこのような特質に対して注意喚起をした面もあるのではないだろうか。

大陸進出こそ日本繁栄の必須条件として考えられていた時代に、天然教育によってもっと自国を理解して、情報を鵜呑みにするのではなく、自分の目で確かめて判断することの重要性を主張したという点で特筆すべきであろう。

水圏環境教育は、「導入」→「探究」→「概念の確信」→「応用」→「振り返り」という「ラーニングサイクル」の原理をもとにして「身近な水圏環境を観察し（導入）、水圏環境の諸課題について多くの人々と考え、議論し（探究）、水圏環境リテラシー基本原則を理解し（概念の確信）、責任ある決定や行動を行ない（応用）、それらを多くの人々に伝える（振り返り）」ことができる人材（すなわち水圏環境リテラシーを持った人材）を育成することをめざしている。

水圏環境教育の原理に沿ったプログラムを提供することによって、学習者は自然と人、そして人と人とのつながりの重要性を理解し、他の学習者とともに創造性を発揮し、新しい価値を生み出すことが可能となる。

内村鑑三の孫弟子だった鈴木《すずき》善幸《ぜんこう》元首相

内村鑑三から薫陶《くんとう》を受けた卒業生はその後どのような功績を残しているのであろうか。鈴木《すずき》善幸《ぜんこう》元首相は、水産伝習所第一期生・伊谷以知二郎《いたにいちじろう》の薫陶を受けた。伊谷はのちに水産講習所所長となるが、高碕達之助《たかさきたつのすけ》など実業界や政界で活躍する人材を数多く輩出した偉大なる指導者である。伊谷はもちろん内村鑑三から薫陶を受けている。いわば鈴木善幸元首相は、内村鑑三の孫弟子に当たる。

彼は、和の心を重んじ、持ち前の粘り強さで日ソ漁業交渉に臨《のぞ》み、日本の国益を守った人物である。老練なソ連（当時）のイシコフ漁業大臣を相手に、どのように漁業交渉を進めたか、経緯を次のように語っている。

「ソ連が関わっている世界各国の漁業交渉はずっとイシコフ漁業大臣であり、大ベテラン、世界第一人者との自負を持っており、大変難しい困難な交渉相手であり、いかに打開の道を求めるかということに苦心惨憺《くしんさんたん》をした。ただ、イシコフ氏は漁業外交の大ベテランではあるが、必ずしも、漁業、水産の専門家ではない。交渉の合間に、モスクワ市内の博物館に展示してある皇帝、皇后のドレス、勲章、宝物などの飾りを見て、そのなかで皇后の着たというドレスに真珠がちりばめられていた。これは淡水真珠であり、海産真珠は、ミキモト真珠といって御木本幸吉《みきもとこうきち》がアコヤ貝に小さな核を挿入してアコヤ貝から人工の真珠を作り出すことに世界ではじめて成功した、という話をしてあげると、イシコフ氏は目を丸くして、それは素晴らしい、なんとかその技術をわが国に教えて欲しいなど信頼を寄せるようになった」（『元総理鈴木善幸激動の日本政治を語る　戦後40年の検証』七宮涬三著、岩手放送）

それ以来、鈴木氏は水産の専門家として一目置かれるようになり、信頼関係が深まったという。水産講習所、水産学校での教育を通じて水産の基礎的学問や技術を持っていたこと、すなわち天然を通して培った教育が国際交渉の場で活かされたのである。天然教育を重視する内村鑑三の精神は、後世に受け継がれ日本の国益に大いに貢献しているのである。

北方四島を守るために立法化された二〇〇海里

鈴木善幸氏は、福田赳夫《ふくだたけお》内閣の農林水産大臣として日ソ漁業交渉の責任者となった。その当時の日本は、領海三海里を主張し、その範囲内で他国沖合の水産物を漁獲していた。ところが、ソ連は二〇〇海里を主張。日本がいくら主張しても話が通じない。

鈴木氏は両方同じ土台に上がる必要性があると考えて、二〇〇海里法の必要性を痛感し、直ちに帰国。福田総理に相談し、二〇〇海里法案を国会に提出。国益のため与野党団結して、わずか二週間で成立させたのである。将来にわたり、海洋国日本の発展のための並々ならぬ先達の努力であったことを察する。これが、わが国が世界第六位の海洋面積として主張する大本である。リーダーがどれだけ現場を理解し、熟考し、判断すべきなのかを示す良い例であろう。

天然すなわち海洋を含めた自然環境を理解しているからこそ、決断できたのである。日本国発展のカギを握るリーダーは、天然教育により日本の風土を理解したうえで、物事を判断する必要があるのだ。

天然教育の重要性は、もちろん内村だけでなく、スイスの教育者ヨハン・ハインリヒ・ペスタロッチの著書『シュタンツだより』でも紹介している「実践教育」や、アメリカの教育者ジョン・デューイの「体験教育」にも共通した主張が見られる。しかし、海洋開発にまで言及している人物としては内村の右に出るものはいない。

晩年、この内村の発想に惹かれ松前重義《まつまえしげよし》氏が教えを請《こ》い、その夢の実現のために東海大学が建学されたという。海洋開発を進めるに当たっては、内村の主張する「天然教育」をいかにシステマチックに導入していくかが重要なカギになると思われる。

創造性を育《はぐく》む水圏環境の喪失

内村鑑三は、幼少期における天然教育によって、自然環境に対する強い興味・関心を生み出すことが重要だと説く。強い興味や関心はのちに、日本の特徴を良く理解し、無教会主義や海洋でのエネルギー開発など、独創的な発想を開花させることにつながる様々なことを提言している。

かつて日本には、美しい河川環境が身近なものとして存在し、子どもたちの格好の探究の場であった。しかしながら、高度経済成長期に全国の河川が三面護岸コンクリートによる河川改修、宅地開発のための湖沼の埋め立て、ダムの建設による上流と下流の分断、合成洗剤の大量使用による水質の悪化などにより、それまで豊かな発想を育《はぐく》んだ身近な水圏環境が急速に破壊されていった。

もちろん、海洋についても港湾施設を設置するために砂浜を埋め立て、大型の埠頭を建設し、全国各地の海岸という海岸を埋め立ててしまった。これらの工事は単に環境を破壊しただけではなく、子どもたちの自然体験ができる場所を奪い去ってしまったのである。創造性を育む水圏環境が失われたことは、創造性を育む水圏環境教育の観点から大きな問題であることを指摘したい。

臨海学校が学校教育から消えていく

国立青少年教育振興機構は、幼少期の体験活動は将来の生き甲斐にもつながると発表した。このデータは、全国の一万人を対象にしたアンケートの結果である。幼少期に体験活動が多ければ、大人になってから、やりがいや生き甲斐を感じて仕事に打ち込むことができる傾向があるという。

これらのことを踏まえると、日本の教育界の最大の失点の一つは、臨海学校をなくしたことである。そのため、海を通してやりがいや生き甲斐を感じることができなくなったのだ。

わが国は高度経済成長と引き替えに、全国一律に水圏環境を破壊し、自然と人間のつながりをシャットダウンし、行き着くところ海洋は危険な場所、汚染の激しい場所となってしまった。古くから日本人の生活に深く密着していた身近な海洋は、漁師などの一部を除き、遠くかけ離れた存在となり、学校の教師も一般市民も海洋から遠ざかっていった。臨海学校が学校教育から外されていくのも当然である。子どもたちから海洋に接する場所を奪ったことで、体験の場が不足し、体験を通して育まれる様々な感性や知性、意欲などの芽を伸ばすきっかけの一つを喪失したのである。

さらに、人工的なプール施設を校内に作るなどして、子どもたちから自然とのかかわりの場をどんどん減らしていった。

世界各国の教育事業に詳しい国立教育政策研究所の塚原修一《つかはらしゆういち》氏によると、世界的にみても全国一律に小学校にプールがある国は珍しいという。海洋国家の象徴であるかのように思われているようだが、現実はその逆である。プールができたことによって、もっぱら水の活動が人工的に管理されたプールに限定されるようになり、遠出してまで海水浴に行かなくてもよくなった。

このことは都心だけにあらず、全国的な問題である。学校教育で海に出かけなくなれば、家庭や地域社会が担《にな》うことになるが、地域の取り組みとして十分に行なわれているとはいいがたい。

結局、人工的な水圏環境としてプールが設置されたことによって、泳ぎをマスターして海洋教育が盛んになったわけではなく、むしろ自然体験から室内での疑似体験へ変容し、逆に海洋体験が減少したのではないか。その結果として、目の前に豊かな川や海があるにもかかわらず、プールでは泳いだことはあるが、自然のなかでは泳いだことがないというおかしな現象が起きているのである。

これから取り組むべきことは、高度経済成長以降に失われた環境を取り戻し、体験活動が可能な川や海での体験の場を子どもたちに提供することである。

そして、忘れてはいけないのは、学校教育のなかに臨海学校を復活することだ。遠泳などの海洋訓練だけが臨海学校ではない。身近な海に出かけ、探究活動を行なうことをメインにするのである。探究活動は、子どもたちの目を輝かせ、子どもが本来持っている可能性を深化させる。また、身近な環境、現場を良く理解することで、環境意識を高めるだけでなく、生き甲斐が生まれ、新しい発想や着想につながっていくのである。

食べてみてはじめてわかる魚のおいしさ、大切さ

協働的コミュニケーション論によれば、創造性は対等性の対話によって育まれる。対等性とは、対話することを前提にお互いが尊重し合うことであり、対話とは、対等性のもとにお互いに自分の意見や考えをやりとりすることである。体験を通してお互いが、異なる意見や考え（認識）を共有化することによって新しい発想が生まれる。対話は共有化するプロセスであり、その結果として創造性が生まれてくるのだ。

昔から「三人寄れば文殊《もんじゅ》の知恵」といわれるが、まさにこのことをいい当てている。対話によりお互いの認識を共有することによって、創造性が生まれ、新しい発見が生まれる。世界ではじめて商業化に乗り出した海洋温度差発電も、この対等性の対話をもとに生み出されたのであろう。

人材育成の面からいえば、海洋体験だけで終わらせるのではなく、海洋体験を多くの人々と共有することが、海洋における創造性を発揮することにつながるのだ。

私たちは、各々の持っている経験や考え方、いわゆるプレコンセプションによって、それぞれ違う認識を持っている。海洋体験の共有化を図ることによって、お互い

の異なった認識を確認し合うことができる。そのときに、新しい創造性が生まれるのだ。

数年前に、フロリダ大学の教授を招き、福井県の海を案内し、海辺近くの民宿に滞在した。そのときのメニューは、捕れたばかりのアオリイカであった。まだ生きており、新鮮である。最初、はじめて見るイカの刺身に驚いていたが、恐る恐る口に運ぶと、口のなかにアオリイカの甘みが広がった。そして彼は、こう語った。

「ほんとうに美味しい。そうか、日本人はこのような海の近くに住み、間近の海から海産物を取り上げて魚介類を食べているのだ。わかった。日本人は本当に自然とともに生きているのだね」

このような発見は、はじめて日本に滞在し、体験したことから生まれ出た言葉であり、住んでいる当人は当たり前と思い、気がつかない事実である。しかし、外国人と日本人が体験を共有することでお互いが気づかなかったことに〝気づき〟が生まれ、理解が深まる。お互いの信頼関係が高まり、そこから新しい発想が生まれてくる。体験を共有することで、お互いの認識を確かめ合うことにつながっているのである。

同様に、それは日本人同士、大人と子どもの間でも体験の共有化は生まれる。たとえば、岩手の河川敷でのことである。

宮古市の閉伊《へい》川漁業協同組合の協力を仰ぎ、行なわれている水圏環境学習会「わくわく自然塾」において、捕れたてのイワナ、ヤマメ、アユを塩焼きにして小学生と一緒にいただく食育活動を長年実施しているが、生産者、一般市民、児童とが一緒に食べる体験を共有することによって、川に対する認識が一段と高まっていく。

市民や児童から「川のお魚がこんなに美味しいと、はじめて知りました。川をもっと大切にしたいと思いました」などとの感想をいただいた。体験を共有することによって川のこと、魚のことをもっと知ろうとする意識だけでなく、川を守っていこうとする強い認識が芽生えていくのである。

体験を共有することは、意欲が高まり創造的な発想を生み出すことにつながる。そのことで、さらに海洋を理解し、海洋を最大限活用しようとする意欲につながっていくのである。

まさに百聞は一見に如かず、である。日本福祉大学子ども発達学部の磯部《いそべ》作《つくる》教授によると、わが国の魚介類の自給率は低下傾向にあるが、美味しい地物の魚を食べて体験的に魚食教育を行なってきた生徒や学生は、年々魚が好きと答えるようになるという。その一方で、魚食教育を受けていない学生たちは、教育を受けている学生と魚食について共通の情報を共有することができない。

東京湾に生息するボラは、じつは大変美味しい魚である。しかし、食べた経験のない人は美味しいとする感想に興味は湧くかもしれないが、それ以上の発展性が望めない。ボラを食べてみようという気にはなれない。ボラという魚の情報がインプットされていないからである。

このことは海洋資源開発全般にもいえることであろう。ごく一握りの研究者や政府関係者が情報を握るのではなく、情報を共有しつつ産業化を図ることが成功のカギなのである。

海洋を活用することは、すなわち陸地を守ること

最後に取り上げたいことは、創造性を発揮して海洋を活用することは、陸を守ることにつながるということである。

創造性を持って海洋を活用するには、海洋での体験が必要だ。私たちの祖先は、長らくそれを当たり前のこととしてやってのけた。なぜなら、それは海洋での体験があったからである。大隈重信いわく、

「此の小さな島の面積について欧米の如く牛であるとか羊であるとか豚であるとか云うものを沢山養って一般の食前に上《のぼ》すと云うことは中々国の現状が許さぬ。又兎《と》に角《かく》幼稚にして中々値の高いもので十分にもちいること出来ぬ」

つまり、日本は島国であり、国土面積が狭く、欧米のように牛や羊、豚をたくさん養うことは難しいと述べている。実際、それらの餌の大半は海外産なのである。肉類中心では完全に自給できないが、水産物は完全に近い形で自給できるのである。大隈重信は佐賀県の出身であり、体験を通して海洋の重要性を理解していたのではないだろうか。

体験を充実させることによってイノベーションが生まれ、日本は必ずや資源輸出大国となる。海洋を利用することが国土を守り、国益にもつながるのだ。この創造性のプロセスを世界に発信することによって、ひいては地球を救うことにつながる。

まずは、自律的海洋資本を充実させ、海洋を活用し、日本が自立して経済発展を続けていく。これこそ、世界に貢献しうるわが国に課せられた国際的な使命だといってよい。

今や待ったなしの状況である。急激な勢いで進行する人口の増加。二〇五〇年にその数は九〇億人になり、大量生産・大量消費の終焉がまもなくやってくる。今も、衛生的な飲み水を口にできない人の数は一〇億人を超える。

急増する人口増加分をまかなうためには、陸上だけからの食糧生産では不十分である。さらには、アメリカで、農作物を生産するより利益が高いオイルサンド（鉱物油分を含んだ砂岩）の掘削により、質土壌汚染が広がるなど、相変わらず世界中で経済重視の自然開拓が続いている。

このような状況のなかで、現実的な対策として有効なのが、海を最大限活用することである。海洋の活用は、地下水や土壌汚染など陸上への負荷を少なくし、環境破壊から守ることにつながる。それだけでなく、沿岸島嶼振興にもつながるのだ。

いまだ海洋には数限りない可能性がある。洋上風力発電、潮汐発電、温度差発電など、将来有望視されている分野が広がっている。これらのいくつかは将来、必ずや私たちの生活にはなくてはならないものとなるであろう。

そして今こそ、この分野を開拓していくための創造性を持った人材が必要なのである。海洋体験を通し創造性を発揮できる人材を育成し、そして活用することによって、各地で行なわれる海洋開発に大いなる力を発揮することとなるであろう。

海洋資源の活用こそ、これからの日本の生命線

食料を陸上での生産に任せてしまうには、多くの負担を伴う。肥料による窒素汚染、水質汚染は進行している。また、エネルギーに関しても、掘削による陸上での水質、土壌汚染の問題が深刻化している。

食料もエネルギーも海洋を上手く活用することによって、陸上への負荷を最大限に

減じることになる。何度もいうようだが、陸地面積は世界六一位でも、海洋面積は世界第六位である。このような環境を、最大限に活用しない手はない。

日本のバーチャルウォーターの輸入量は世界第一位であり、世界中の水を大量に食物として輸入している。また、原油、ガスの輸入量も世界のトップクラスである。日本の海洋開発は、国内だけでなく世界の資源利用にも大きな影響を与える。

日本は、古くより、海洋から食料の恵みを受けてきた。海産資源を利用するためには、陸上の森林を守ることが大切であると何千年もの間、いい伝えられてきた。海からの恵みを享受するために、陸上の自然環境を維持することが必要であると固く信じられてきた。陸地を守り四季折々の自然を愛《め》で、森川海のつながりを大切にし活用してきたからこそ、日本が国家として二〇〇〇年近く維持するもととなった。

また、建国以来肉食が禁忌《きんき》で、動物は口にしない生活を送ってきたのは先進国では日本のみである。動物を食料とするとなると、たとえば羊を飼うためには広大な陸地と大量の牧草が必要だ。もし、動物を主食にしていたならば、島国である日本の山は、たちまちはげ山と化してしまっただろう。といって、輸入ばかりに頼るのは、得策ではない時代になりつつある。できる限り、自国の海を活用したライフスタイルに改めるべきである。

しかしながら、海洋における食料資源の開発は、日本だけ時代に逆行するように、魚離れが進み、漁業者も大幅に減少しているのも事実である。

エネルギーについては、どうだろうか。わが国は99％を海外の原油に依存している。産油国の権限が強まり、原油の値段が高騰している。原油の依存度が高い状況においては、おそらく今後も原油の値段は上がることはあっても、下がることはないであろう。そうなると、自国のエネルギー開発が必要となるが、陸上は国土が狭くエネルギー源となるものが限られている。まして、かつてのように木炭生産が無計画に行なわれれば、森林面積が大幅に減少する可能性がある。だからこそ、海洋におけるエネルギー開発に期待が高まるのである。

世界は今、競うように海洋におけるエネルギー開発を模索している。開発には資源の減少や、環境汚染の問題がつきまとう。海とともに生活し、海の恩恵を受けて国家、文化を育んできた日本人だからこそ、世界に先がけて、自律的海洋資本を柱とし、海洋に関するリテラシーを高め、海洋環境を守りつつ海洋インフラを整備すべきなのである。創造性を発揮できる天然教育の体制を整えること、そして単に技術教育としてではなくリテラシー教育として一般市民にも門戸を開く必要がある。

このことは、私たちに子孫から、そして世界から課せられた重要な課題である。

今こそ、すべての国民が議論に加わり、自律的海洋資本を充実させようではないか。必ずや、日本の陸は守られ、世界を救うことにつながるのだ。

あとがき

本書を作成するに当たって数多くの皆様にお世話になりました。そのなかでも北一文庫の服部良一氏、本山文雄氏には長きにわたり叱咤激励をいただきました。両氏には粘り強く編集作業を進めていただきました。両氏がいなければここまで辿り着くことは、できませんでした。心から感謝の意を表したいと思います。出版を引き受けていただきました祥伝社の新書編集部にも、心から御礼申し上げます。

参考文献

『希望の現場　メタンハイドレート』青山千春、青山繁晴著（二〇一三年、ワニブックス）
『社会的共通資本』宇沢弘文著（二〇〇〇年、岩波書店〈岩波新書〉）
『タマゾン川――多摩川でいのちを考える』山崎充哲著（二〇一一年、旬報社）
『日本近海に大鉱床が眠る――海底熱水鉱床をめぐる資源争奪戦』飯笹幸吉著（二〇一〇年、技術評論社）
『ピア・ラーニング入門――創造的な学びのデザインのために』池田玲子、舘岡洋子著（二〇〇七年、ひつじ書房）
『富国有徳論』川勝平太著（二〇〇〇年、中央公論新社〈中公文庫〉）
「北海道西岸における20世紀の沿岸水温およびニシン漁獲量の変遷」田中伊織著（二〇

○○二年、「日本水産学会誌」68号所収）
「海洋開発をめぐる諸相」国立国会図書館調査及び立法考査局編（二〇一三年、国立国会図書館）
「海洋資源・エネルギーをめぐる科学技術政策」国立国会図書館調査及び立法考査局編（二〇一三年、国立国会図書館）
『ＮＥＤＯ再生可能エネルギー技術白書』独立行政法人 新エネルギー・産業技術総合開発機構編（二〇一四年、森北出版）
「わが国石油・天然ガス開発の現状（年報）」（二〇一三年、石油鉱業連盟）

切りとり線

★読者のみなさまにお願い

この本をお読みになって、どんな感想をお持ちでしょうか。祥伝社のホームページから書評をお送りいただけたら、ありがたく存じます。今後の企画の参考にさせていただきます。また、次ページの原稿用紙を切り取り、左記まで郵送していただいても結構です。

お寄せいただいた書評は、ご了解のうえ新聞・雑誌などを通じて紹介させていただくこともあります。採用の場合は、特製図書カードを差しあげます。

なお、ご記入いただいたお名前、ご住所、ご連絡先等は、書評紹介の事前了解、謝礼のお届け以外の目的で利用することはありません。また、それらの情報を6カ月を越えて保管することもありません。

〒101－8701（お手紙は郵便番号だけで届きます）
祥伝社新書編集部
電話03（3265）2310
祥伝社ホームページ　http://www.shodensha.co.jp/bookreview/

★本書の購買動機（新聞名か雑誌名、あるいは○をつけてください）

＿＿＿＿新聞の広告を見て	＿＿＿＿誌の広告を見て	＿＿＿＿新聞の書評を見て	＿＿＿＿誌の書評を見て	書店で見かけて	知人のすすめで

★100字書評……日本の海洋資源

名前

住所

年齢

職業

佐々木 剛　ささき・つよし

1966年生まれ。東京海洋大学海洋科学部海洋政策文化学科准教授。博士（水産学）。専門は、水圏環境教育学、水産教育学。1990年、東京水産大学水産学部水産養殖学科卒業後、2006年まで岩手県立宮古水産高等学校教諭。その間1997年、上越教育大学大学院修士課程、2004年、東京水産大学水産学研究科博士後期課程修了。2008年カリフォルニア大学バークレー校訪問研究員。2006年より現職。著書に『水圏環境教育の理論と実践』（成山堂書店）他。

日本《にほん》の海洋資源《かいようしげん》
——なぜ、世界《せかい》が目《め》をつけるのか

佐々木《ささき》 剛《つよし》

2014年 9 月10日　初版第 1 刷発行

発行者……………竹内和芳
発行所……………祥伝社しょうでんしゃ
〒101-8701　東京都千代田区神田神保町3-3
電話　03(3265)2081(販売部)
電話　03(3265)2310(編集部)
電話　03(3265)3622(業務部)
ホームページ　http://www.shodensha.co.jp/

装丁者……………盛川和洋
印刷所……………萩原印刷
製本所……………ナショナル製本

Printed in Japan　ISBN978-4-396-11382-7　C0260

〈祥伝社新書〉
経済を知る・学ぶ

111
超訳『資本論』
貧困も、バブルも、恐慌も——マルクスは『資本論』の中に書いていた！
神奈川大学教授
的場昭弘《まとばあきひろ》

151
ヒトラーの経済政策
世界恐慌からの奇跡的な復興
有給休暇、がん検診、禁煙運動、食の安全、公務員の天下り禁止……
フリーライター
武田知弘

361
国家とエネルギーと戦争
国家、軍隊にとってエネルギーとは何か？　歴史から読み解いた警世の書
上智大学名誉教授
渡部昇一

343
なぜ、バブルは繰《く》り返されるか？
バブル形成と崩壊のメカニズムを経済予測の専門家がわかりやすく解説
久留米大学教授
塚崎公義

334
だから、日本の不動産は値上がりする
日本経済が上向く時、必ず不動産が上がる！　そのカラクリがここに
不動産コンサルタント
牧野知弘

〈祥伝社新書〉
日本の古代

〈祥伝社新書〉
大人が楽しむ理系の世界

229
生命は、宇宙のどこで生まれたのか
「宇宙生物学（アストロバイオロジー）」の最前線がわかる！

神戸市外国語大学准教授
福江　翼

234
9回裏無死1塁でバントはするな
まことしやかに言われる野球の常識を統計学で検証！

統計学者
鳥越規央《のりお》

242
数式なしでわかる物理学入門
物理学は「ことば」で考える学問である。まったく新しい入門書

神奈川大学名誉教授
桜井邦《くに》朋《とも》

290
ヒッグス粒子の謎
なぜ「神の素粒子」と呼ばれるのか？　宇宙誕生の謎に迫る

東京大学准教授
浅井祥《しょう》仁《じ》

338
大人のための「恐竜学」
恐竜学の発展は日進月歩。最新情報をQ＆A形式で

北海道大学准教授
小林快次　監修
サイエンスライター
土屋　健　著